© De los textos: los autores

© De la edición de 2012:

Cátedra de Divulgación de la Ciencia - Unitat de Cultura Científica i de la Innovació

Universitat de València

www.valencia.edu/cdciencia

© De esta edición

Cátedra de Divulgación de la Ciencia - Unitat de Cultura Científica i de la Innovació

Universitat de València

www.valencia.edu/cdciencia

Cubierta

Imagen: Isabel Gálvez

ISBN: 978-84-9133-651-8

Depósito legal: V-317-2024

Impresión: LAIMPRENTA CG

A LA LUNA DE VALENCIA

10 BIOGRAFÍAS DE ASTRÓNOMO A ASTRÓNOMO

Prefacio

Durante el año 2023 la Universitat de València ha celebrado el V centenario del nacimiento de Jerónimo Muñoz. Por este motivo, se ha decidido publicar esta segunda edición de *A la luna de València. Diez biografías de astrónomo a astrónomo* (la primera se publicó en el año 2012), ja que este gran humanista y científico valenciano es el primero de la serie de los 10 astrónomos biografiados. Se decidió que la nueva portada representara su observación de la supernova de 1572 desde València. La ilustradora Isabel Gálvez ha llevado a cabo la ilustración con los datos precisos del cielo observable desde Valencia la noche del 13 de diciembre de 1572 proporcionadas por Fernando Ballesteros. El edificio confrontando con la Lonja que aparece en la imagen se ha inspirado en fotografías de Rafael de Luis Casademunt de la maqueta de la ciudad de València del mapa de Tomàs Vicent Tosca (otro de los astrónomos biografiados) que se encuentra en el Mu-VIM, proporcionadas por su director Rafael Company.

En esta segunda edición se han corregido pequeñas erratas que aparecen en la primera, pero se ha mantenido el formato inicial. No hemos querido modificar las biografías de los autores de los textos (que obviamente han cambiado en el transcurso de años), ni sus fotografías.

Esperemos que el libro que tienes en tus manos sirva para poner en valor una tradición científica iniciada en el País Valenciano hace más de 450 años y que en estos momentos cuenta con astrónomas y astrónomos cuyo trabajo disfruta de un gran impacto internacional.

Vicent J. Martínez
Coordinador de la 2a edición
Director de Actividades Culturales para los Actos
de la Conmemoración del Aniversario
de Jeroni Munyós

INTRODUCCIÓN

JERÓNIMO MUÑOZ (VALÈNCIA, *CIRCA* 1520 - SALAMANCA, 1591)

JOSEP SARAGOSSÀ (ALCALÀ DE XIVERT, 1627-1679)

TOMÀS VICENT TOSCA (VALÈNCIA, 1651-1723)

JORGE JUAN (NOVELDA, 1713 - MADRID, 1773)

TOMÀS VILANOVA I POYANOS (BIGASTRO, 1737 - VALÈNCIA, 1802)

GABRIEL CISCAR (OLIVA, 1760 - GIBRALTAR, 1829)

FAUST VALLÉS (CASTELLÓ, 1762 - VALÈNCIA, 1827)

JOSEP JOAQUIM LANDERER (VALÈNCIA, 1841 - TORTOSA, 1922)

ANTONI TARAZONA (SEDAVÍ, 1843 - MADRID, 1906)

IGNASI TARAZONA (SEDAVÍ, 1859 - VALÈNCIA, 1924)

PÁG. 007   POR VÍCTOR NAVARRO BROTONS

PÁG. 017   POR VICENT J. MARTÍNEZ GARCÍA

PÁG. 029   POR MARIANA LANZARA LLORENS

PÁG. 043   POR MANEL PERUCHO I PLA

PÁG. 057   POR FERNANDO J. BALLESTEROS ROSELLÓ

PÁG. 071   POR ISABEL CORDERO CARRIÓN
             Y SUSANA PLANELLES MIRA

PÁG. 083   POR JUAN FABREGAT LLUECA

PÁG. 097   POR JULIA SUSO LÓPEZ

PÁG. 111   POR ENRIC MARCO SOLER

PÁG. 125   POR LARA SANTOLAYA RAMS

PÁG. 137   POR JOSÉ ANTONIO FONT RODA

VÍCTOR NAVARRO BROTONS

Víctor Navarro Brotons es
doctor en Ciencias Físicas
por la Universitat de València
y catedrático (jubilado) de
Historia de la Ciencia de esta
universidad. Es miembro de
la Academia Internacional de
Historia de la Ciencia y de otras
sociedades científicas nacionales
e internacionales. Es autor de
27 libros en calidad de director
(editor), codirector, coautor o autor
único y de más de 100 trabajos de
historia de la ciencia en revistas o
libros nacionales e internacionales,
además de numerosos trabajos
de divulgación. Es miembro del
Consejo Asesor de la Càtedra
de Divulgació de la Ciència de la
Universitat de València desde su
creación. Ha participado en más de
60 congresos y ha coorganizado
algunos de ellos, nacionales e
internacionales. Su trayectoria se
ha caracterizado por la especial
atención que ha dedicado a la
historia de la actividad científica del
País Valenciano.

INTRODUCCIÓN

POR VÍCTOR NAVARRO BROTONS

LA ACTIVIDAD ASTRONÓMICA EN EL PAÍS VALENCIANO O POR VALENCIANOS: UNA MIRADA AL PASADO

El verano de 1609 Galileo construyó un telescopio que presentó el 21 de agosto a los miembros del gobierno veneciano, ilustrando desde el campanario de la catedral de San Marcos las maravillas del nuevo instrumento. Los meses siguientes Galileo se dedicó a explorar los cielos con el telescopio, realizando una serie de observaciones y descubrimientos que presentó en marzo de 1610 en un libro titulado *Sidereus Nuncius*, "Mensaje (o Mensajero) de los astros", que comenzaba así:

Grandes en verdad son las cosas que propongo en este breve tratado al examen y a la contemplación de los estudiosos de la naturaleza. Grandes, digo, tanto por la excelencia de la materia misma, como por su inaudita novedad, como, en fin, por el instrumento en virtud del cual esas cosas se han desvelado a nuestros sentidos.

Para conmemorar estos hechos, con los que comienza una época en la historia del conocimiento humano del Universo, se declaró 2009 el Año Internacional de la Astronomía. La Càtedra de Divulgació de la Ciència de la Universitat de València propuso la idea de hacer un libro donde se resumieran los principales rasgos de la biografía intelectual de diez valencianos autores de trabajos y contribuciones destacadas al saber astronómico y su difusión. Yo fui el responsable de elegir a los diez y, además, la idea se concretó encargando cada biografía a un astrónomo de la Universitat de València. De esta manera se establecía una especie de continuidad o vínculo entre nuestro pasado histórico y el saber, y la actividad astronómica actual, bien representada por los autores de las biografías. Y como el año 2013 es el aniversario del nacimiento de Jorge Juan y Santacília, uno de los científicos más destacados de nuestra historia, este libro saldrá a la luz muy oportunamente entre las dos efemérides.

La astronomía es la ciencia que estudia la posición, movimientos, distancia, composición y naturaleza de los cuerpos celestes y de la materia dispersa en el Universo, así como su origen y evolución. En ella se incluye la astrofísica, que estudia las propiedades físicas y la estructura de la materia cósmica. La astronomía es una ciencia antigua, cuya tradición es de gran riqueza y larga duración. Puede decirse que comienza con los registros de observaciones planetarias hechas por los babilonios en el segundo milenio A.N.E. En la época llamada clásica, entre el siglo VI A.N.E. y finales de la Antigüedad (siglo IV), en el mundo occidental los griegos desarrollaron una astronomía basada en modelos y métodos geométricos asociada de diversas formas a principios filosóficos, donde destacaron autores como Eudoxo, Hiparco,

Aristarco, Ptolomeo y Teón, entre los astrónomos, y Platón, Aristóteles, los atomistas y los estoicos entre los filósofos. Tras un periodo de decadencia, la astronomía experimentó un renacimiento en el mundo islámico en el siglo IX y durante varios siglos la lengua de la astronomía fue el árabe. Esta tradición culminó con la revolución astronómica del siglo XVI que tuvo lugar en Europa. Copérnico desplazó la Tierra de la posición central que ocupaba en el sistema ptolemaico y puso en su lugar al Sol, pero siguió utilizando modelos geométricos compuestos de círculos y suponiendo que los planetas eran movidos por esferas, sin establecer cual era su naturaleza. No obstante, al convertir a la Tierra en un planeta, preparó el camino de la astronomía y la cosmología modernas. A partir de Copérnico, la naturaleza y las causas del movimiento planetario resultaron cruciales. Ya en el siglo XVII, Kepler formuló las leyes básicas que describen el movimiento planetario y concibió el concepto moderno de trayectoria; apoyándose en Kepler, Newton dio una interpretación dinámica a estas regularidades fenoménicas, formuló las leyes generales del movimiento y con todo ello estableció la ley de la gravitación universal. Por otra parte, con la invención del telescopio y su conversión por Galileo en instrumento astronómico, se amplió considerablemente el alcance de la mirada humana y comenzó a ser plausible conocer la composición física de los cielos.

El País Valenciano, en el periodo durante el cual el territorio y sus gentes formaron parte de al-Ándalus, contó con destacados cultivadores de la astronomía. Así, en la corte de Muğāhid, rey de Dènia, trabajó Ahmad Ibn al-Saffar, discípulo de Maslama al-Maǧrīṭī en Córdoba; este último fundó una auténtica escuela de astrónomos andalusíes que adaptaron las tablas astronómicas de al-Khwārizmī elaboradas a partir de elementos hindúes, persas e islámicos. En esta tarea colaboró Ibn al-Saffar, así como en la introducción de la astronomía ptolemaica. Otras figuras destacadas son Abū-l-Ṣalt Umayya de Dènia, y los constructores de instrumentos Ibrahim Ibn Saʼid Salí (hay dos autores con este nombre) y el hijo de uno de estos llamado Mamad. También vivió en València algún tiempo Ibn Bāǧǧa (Avempace) que debe su relieve histórico a las críticas que hizo a la astronomía de Ptolomeo y a su intento de construir una astronomía compatible con la física aristotélica.

En el periodo bajomedieval la característica fundamental de la actividad científica en el nuevo Reino de Valencia es que se llevó a cabo en una sociedad integrada por tres comunidades socio-culturales: por una parte, la cristiana, dominante después de la conquista; por otra parte, la judía y la musulmana, condicionadas por la creciente intolerancia de la primera, que culminó en la expulsión de las dos. Aunque la población musulmana siguió siendo mayoritaria durante bastante tiempo, sus científicos e intelectuales emigraron en su gran mayoría, y quedaron, además, marginados de las instituciones académicas cristianas. No obstante, ello no excluye la presencia de casos aislados de actividad científica relevante. Tal es el caso de un alfaquí de Paterna que hacia 1450 importó de El Cairo un manuscrito sobre el instrumento astronómico llamado sexagenario, usado para determinar las posiciones planetarias. La obra fue traducida al catalán (1456) y, poco después, al latín por el médico valenciano Joan de Bòsnia. Entre los valencianos cristianos que desarrollaron actividad astronómica en el periodo bajomedieval citaremos a Bartomeu de Tresbéns, que a mediados del siglo XIV construyó instrumentos astronómicos y enseñó el uso del astrolabio a Juan I, cuando este era infante.

En el siglo XVI la astronomía se cultivó en relación con la astrología y sus diferentes aplicaciones a la medicina, meteorología, agricultura, etc., y, en concreto, el cómputo del tiempo y el calendario. También en relación con la filosofía natural y la cosmografía (geografía, cartografía y arte de navegar). La cultivaron profesores de universidad, humanistas, médicos, clérigos, abogados y algún noble o aristócrata. En la Universitat de València se impartían enseñanzas de astronomía, al menos desde 1540. Entre sus profesores figuran el destacado médico y humanista Pere Jaume Esteve, Baltasar Manuel Bou, autor de un tratado *De Sphera* (1553), y Jerónimo Muñoz, uno de los científicos más destacados de toda la historia del País Valenciano. El cultivo de las disciplinas matemáticas en relación con la Universitat de València en este periodo tuvo su culminación en los años que ocupó la cátedra de matemáticas y astronomía Jerónimo Muñoz (1566-1578). Desde su cátedra, Muñoz impartía enseñanzas de aritmética, geometría, trigonometría (plana y esférica), óptica geométrica, astronomía, geografía, cartografía, astrología y uso de instrumentos astronómicos y topográficos, poniendo siempre énfasis en las aplicaciones prácticas de las diversas materias. De todos estos temas se han conservado textos manuscritos de Muñoz preparados para sus clases, que son una excelente muestra de la conjunción humanismo-ciencia. Muñoz adquirió una cierta fama en su época, particularmente gracias a sus trabajos sobre la supernova de 1572, difundidos a través de un libro sobre el fenómeno, titulado *Libro del nuevo cometa* y traducido al francés por el hebraísta Guy Lefèvre de la Boderie, que colaboró en la *Bíblia Políglota*. Su fama se debió también a la detallada descripción que realizaron de sus resultados y conclusiones otros destacados autores. El mejor astrónomo de la época, el danés Tycho Brahe, estudió y comentó la obra de Muñoz en su *Astronomiae instauratae progymnasmata* (1602). Muñoz, además de determinar con notable precisión la posición de la nova referida a las estrellas de la constelación de Casiopea, así como sus coordenadas eclípticas y ecuatoriales, puso de relieve lo difícil que resultaba mantener el dogma de la incorruptibilidad de los cielos y hacerlo compatible con la aparición de la "nova".

En sus *Comentarios al segundo libro de la Historia Natural de Plinio*, redactados para ser leídos en la Universitat de València en 1568, Muñoz expuso sus ideas cosmológicas, claramente antiaristotélicas y afines a la tradición estoica. Y en su traducción comentada de *Comentarios* de Teón de Alejandría al *Almagesto* de Ptolomeo, acaso su obra más ambiciosa, revisó una buena parte de la astronomía ptolemaica, contrastándola con las observaciones, técnicas y cálculos de los otros astrónomos clásicos, medievales y renacentistas, incluido Copérnico, y, también sus propias observaciones y cálculos. Pero, además, también aquí Muñoz dedicó una particular atención a las cuestiones cosmológicas y propuso una cosmología similar a la de sus *Comentarios a Plinio*.

En el siglo XVII el astrónomo valenciano más destacado fue el jesuita Josep Saragossà i Vilanova. En la década 1660-70 Saragossà residió en València, donde enseñó privadamente las disciplinas matemáticas y construyó instrumentos científicos, incluidos telescopios; a finales de 1660 fue nombrado titular de la cátedra de matemáticas de los Reales Estudios del Colegio Imperial.

Saragossà fue un excelente observador. Entre sus numerosas observaciones figuran las de los cometas de 1664 y 1667. El informe del primero es uno de los estudios más amplios de los realizados en Europa. En cuanto al segundo, sus observaciones fueron las primeras realizadas en Europa. Saragossà publicó un tratado de astronomía y geografía titulado *Esphera en común celeste y terráquea* (1675), que pretendía ser una versión renovada y adaptada a los progresos de la materia de los textos tradicionales de *La Sphera* de Sacrobosco.

Los discípulos y colaboradores de Saragossà en Valencia, como Fèlix Falcó de Belaochaga y Josep Vicent de l'Olmo, mantuvieron el interés por la astronomía, y fueron los maestros del grupo de novatores valencianos de finales del siglo XVII en las disciplinas físico-matemáticas, particularmente Baltasar Íñigo, Tomàs Vicent Tosca y Joan Baptista Coratjà. Tosca y Coratjà realizaron numerosas observaciones astronómicas de planetas, satélites, cometas y eclipses de Luna y de Sol valiéndose de telescopios, sextantes, relojes de péndulo y un tipo de triángulo diseñado por Saragossà consistente en un cuadrante en el que el limbo se había sustituido por la tangente del arco graduado en minutos. Algunas de estas observaciones las realizaba Coratjà en casa de Falcó de Belaochaga, que poseía instrumentos fabricados por Josep Saragossà. Coratjà dejó varios manuscritos en los que describe sus observaciones y publicó un *Discurso sobre el nuevo cometa que apareció este año 1682*. También se conservan varios textos de astronomía, algunos de ellos preparados para sus clases en la universidad, en los que Coratjà se esfuerza por actualizar los avances en esta ciencia. La obra de los novatores valencianos culminó con la publicación del *Compendio matemático* de Tosca, de cuyos nueve volúmenes, dos, el VII y el VIII, están dedicados a la astronomía, si bien el segundo incluye también geografía y náutica. En el vol. IX Tosca trata y discute la validez de la astrología. Tosca ofrece en su obra un cuadro relativamente completo del estado y desarrollo de la astronomía de observación de la segunda mitad del siglo XVII, incluyendo las observaciones y descubrimientos de Galileo, Huygens, Kepler, etc., y muestra su simpatía hacia el sistema de Copérnico, que usa preferentemente para explicar el movimiento de los planetas, aunque advierte que este sistema sólo se puede aceptar como hipótesis o "suposición". En la *Astronomía práctica* del volumen VIII Tosca incluyó las tablas realizadas por la Academia de Ciencias de París.

En el siglo XVIII la actividad astronómica realizada por algunos autores valencianos fue de considerable relieve. Destaca en primer lugar la participación de Jorge Juan en la expedición al virreinato del Perú organizada por la Academia de Ciencias de París para medir un arco de meridiano y contrastar las teorías sobre la forma de la Tierra. A su regreso, Jorge Juan y Antonio de Ulloa publicaron las *Observaciones Astronómicas, y Phísicas* (1748) realizadas. Jorge Juan, además, fundó el Observatorio Astronómico asociado a la Academia de Guardiamarinas de Cádiz. Por su parte, el científico y marino Gabriel Ciscar, que fue director de Academia de Guardiamarinas de Cartagena y autor del plan o Curso de Estudios Mayores de la misma de 1785, realizó diversas observaciones y elaboró métodos gráficos para despejar las distancias lunares de los efectos de la refracción y la paralaje, de gran valor para los cálculos de la longitud geográfica. Otro astrónomo valenciano relevante fue Josep Chaix, vicepresidente del Observatorio Astronómico de Madrid en el que realizó observaciones del tránsito de Mercurio por el disco solar en 1799 y determinación de la latitud de varias estrellas. Chaix colaboró también en la medida del arco de meridiano entre Dunkerque y Barcelona organizada por la Academia de Ciencias de París.

Con las reformas en la Universitat de València introducidas con el Plan Blasco se proyectó la construcción de un observatorio astronómico, proyecto que no llegó a realizarse; a cambio se instaló un observatorio provisional en el

Colegio de Santo Tomás de Villanueva que contó con un telescopio refractor, un reflector, un anillo astronómico y otros instrumentos. Entre los profesores de la Universitat de València que realizaron trabajos de astronomía figura el polifacético Tomàs Vilanova i Poyanos, que calculó la trayectoria del planeta Urano recientemente descubierto por Herschel. A las clases de química y botánica de Vilanova asistía Faust Vallés, barón de la Pobla Tornesa, uno de los nobles valencianos interesados por la astronomía que publicó varios trabajos de astronomía.

En el siglo XIX hay que destacar la participación del médico y químico Josep Monserrat i Riutort en las observaciones del eclipse de Sol de 1860. Monserrat fue propuesto por el Observatorio Astronómico de Madrid para fotografiar las protuberancias solares: sus fotografías mostraron sin lugar a duda el origen solar de las protuberancias y fueron consideradas por Angelo Secchi, el director del Observatorio del Colegio Romano, "de valor incalculable para la ciencia". En las últimas décadas del siglo la actividad astronómica más importante la desarrolló Josep Joaquim Landerer i Climent de manera *amateur* o semiprofesional, al margen de las instituciones académicas, y con los instrumentos adquiridos por él mismo. Landerer es autor de alrededor de casi dos centenares de trabajos de astronomía, matemáticas, física, geología y paleontología, publicados muchos de ellos en revistas como *L'Astronomie*, el *Bulletin Astronomique de France*, los *Comptes Rendus* de la Academia de Ciencias de París y la *Crónica Científica*. También hizo una notable labor de divulgación científica a través de la revista *Ilustración Española y Americana* y la prensa diaria. Fue miembro de la Société Astronomique de France que le otorgó en 1901 el premio Janssen "por sus estudios sobre la polarización de la corona solar durante el eclipse del pasado año, sus observaciones y cálculos sobre los satélites de Júpiter, las manchas solares, los eclipses de luna, etc.". Fue uno de los primeros autores españoles que realizó trabajos de astrofísica. Con unos medios modestos, Landerer participó activamente en muchos debates y progresos en el campo de la astronomía en las últimas décadas del siglo XIX y principios del XX. Con inteligencia, esfuerzo y recursos económicos supo aprovechar las posibilidades que esta disciplina ofrecía aún a los astrónomos *amateurs* o semiprofesionales.

A principios del siglo XX Valencia contó con un observatorio universitario moderno y bien equipado, que todavía está en funcionamiento, gracias a los esfuerzos del catedrático de cosmografía y física del globo Ignasi Tarazona. Este consideraba "un deber crear dichos observatorios para relacionarse con el progreso de la enseñanza experimental" en las asignaturas que tenía a su cargo y hacia 1907 inició los trámites para conseguir la financiación necesaria. En 1910 el observatorio estaba ya montado, en sus líneas esenciales, y disponía de excelentes instrumentos, entre ellos un telescopio con montura ecuatorial de la casa de óptica H. Grubb de Dublín instalado en la sede de la Universitat de València en la calle de la Nau. Tarazona estableció intercambio de información y trabajos con una amplia red de observatorios e instituciones científicas españolas y extranjeras, y diseñó las tareas a realizar en el observatorio, entre otras, la fotografía diaria del Sol para estudiar las manchas solares. Desde sus inicios, además de las actividades docentes, el observatorio se ocupaba de otras tareas astronómicas como la de comunicar la hora oficial, y al mismo tiempo realizaba una importante tarea de difusión cultural. De hecho en 1919, el Observatori Astronòmic fue declarado Institución de Utilidad Pública. A la muerte de Tarazona, la actividad fue continuada por sus discípulos y otros profesores que se adscribieron al centro. Desgraciadamente en 1932, un incendio en la sede de la universidad destruyó las instalaciones del observatorio y varios instrumentos. Este hecho marca el inicio de un declive en la actividad astronómica en la universidad, agravado por la catástrofe que significó para la actividad científica valenciana y española, en general, la guerra civil. La progresiva recuperación de la actividad astronómica a finales de los años sesenta, se debió al esfuerzo de algunos profesores bajo la dirección de Álvaro López. Esfuerzo continuado con entusiasmo por nuevas generaciones de astrónomos, hasta nuestros días, que han convertido Valencia en uno de los centros más importantes de la actividad astronómica-astrofísica española.

VICENT J. MARTÍNEZ GARCÍA

Vicent J. Martínez (València, 1962) es catedrático de Astronomía y Astrofísica de la Universitat de València y director del Observatori Astronòmic. Ha sido pionero en la introducción de nuevas disciplinas de docencia universitaria, como los fractales. Es miembro fundador de la Sociedad Española de Astronomía. Su principal campo de investigación es el estudio de la estructura del Universo a gran escala. Ha escrito numerosos artículos de investigación publicados en revistas de prestigio internacional y es coautor de libros como *Astronomía fundamental* y *Statistics of the Galaxy Distribution*. En 2005 obtuvo el Premio Europeo de Divulgación Científica "Estudi General" con la obra *Marineros que surcan los cielos*.

JERÓNIMO MUÑOZ

POR VICENT J. MARTÍNEZ GARCÍA

CONTRA LA CREENCIA EN LA NATURALEZA IMMUTABLE DE LOS CIELOS

El 11 de noviembre de 1572, un joven aristócrata danés observó desde la abadía de Herrevad —hoy en territorio sueco— una nueva estrella en la constelación de Casiopea. No daba crédito a lo que estaban viendo sus entrenados ojos. Ese objeto brillaba prácticamente como el planeta Venus, que es, después del Sol y la Luna, el astro más brillante del cielo. Tycho Brahe no fue el único en Europa que se quedó atónico ante aquella aparición estelar. Esa misma noche, unos pastores y calcineros de Torrent, acostumbrados a trabajar de noche y observar la bóveda celeste e identificar, con ojos ejercitados, el patrón de W que forma la constelación de Casiopea, se sorprendieron al observar ese intruso celeste. Convencidos de que esa estrella no había estado en el cielo con anterioridad, alertaron de su presencia al catedrático de hebreo, matemáticas y astronomía del Estudi General, Jerónimo Muñoz.

Jerónimo Muñoz (València, *circa* 1520 – Salamanca 1591) había obtenido el grado de Bachiller en Artes en la Universitat de València en 1537. Después completó su formación en diferentes países europeos. Menciona Muñoz en sus escritos que entre sus instructores destacan el francés Oronce Finé, profesor del Collège Royal y el holandés Gemma Frisius, profesor de la Universidad de Lovaina. Así mismo, Muñoz impartió clases de hebreo en la Universidad de Ancona (Italia). Años después de su regreso a València, fue nombrado catedrático de hebreo (1563) del Estudi General y dos años más tarde unió a esta la cátedra de matemáticas, según consta en el *Manual de Consells*: "atesa la qualitat de la persona del dit Mestre Muñoz, per ser aquell molt senyalat y eminent en totes sciences, senyaladament en Matemàtiques y Ebraich". Tal era su reconocimiento, que el propio Rey Felipe II, ante la expectación que la nueva estrella había despertado en toda Europa, encargó a Muñoz que le informara sobre el fenómeno astronómico, sus observaciones y su interpretación.

Pero, ¿qué era ese objeto que tanto llamó la atención a pastores, astrónomos, filósofos, clérigos, nobles y reyes? En 1945, el astrónomo americano Walter Baade, estudiando las observaciones de Tycho Brahe y de algunos de sus coetáneos, llegó a la conclusión de que se trataba de una supernova de tipo I. Una supernova de tipo I es la explosión de una enana blanca, una estrella del tamaño aproximado de la Tierra, pero con una masa parecida a la del Sol. La densidad de una enana blanca es enorme (cientos de toneladas por centímetro cúbico). En muchas ocasiones, las enanas blancas forman parte de un sistema binario, donde la estrella compañera suele ser mucho más grande, pero menos masiva, de forma que la enana blanca arranca material de su compañera como consecuencia de su potente atracción gravitatoria, y gradualmente incrementa su masa. Cuando alcanza la masa de 1,44 veces la masa del sol —el llamado límite de Chandrasekhar—, la enana blanca explota bajo el empuje de su propia gravedad y esta explosión es una supernova de tipo I (más concretamente de tipo Ia).

Ciertamente ni Tycho Brahe ni Jerónimo Muñoz sabían lo que es una supernova. Serían necesarios más de 350 años para que se desarrollasen las teorías de evolución estelar que explican estas fantásticas explosiones que ocasionalmente se observan en el cielo. Además, estos fenómenos son raros: la última supernova en nuestra galaxia se produjo en 1604 y fue observada por Johannes Kepler, que había trabajado como asistente de Tycho Brahe. Tanto Tycho como Kepler hablan de estas estrellas como nuevas o "novas", utilizando el término en latín.

Jerónimo Muñoz, en cambio, titula al tratado sobre la estrella nueva *Libro del Nuevo Cometa*, pero a continuación indica "y del lugar donde se hazen; y como se verá por las Parallaxes, quán lexos están de tierra…". Era difícil en círculos académicos y escolásticos discutir la concepción aristotélica de los cielos que los hacía inmaculados e inmutables. La aparición de una nueva estrella en el cielo y su progresiva desaparición contradicen esa concepción. El brillo de la supernova alcanzó rápidamente su máximo a mediados de noviembre de 1572, para disminuir paulatinamente hasta perderse completamente de vista en marzo de 1574. Desde Aristóteles se pensaba que cambios así solo pueden darse en la región sublunar: nada puede cambiar más allá de la Luna, que es el dominio de lo inmutable. La estrella nueva, o era un fenómeno propio de la región sublunar, o claramente ponía en entredicho la naturaleza incorruptible del cielo, aceptada durante siglos.

Tycho Brahe, en 1572, no había observado ningún cometa, lo hizo solo cinco años más tarde cuando el Gran Cometa de 1577 hizo su aparición. Jerónimo Muñoz fue más afortunado y pudo observar, a la edad de 11 años, el Cometa Halley en su regreso periódico a las proximidades del Sol en 1531. Quizá el recuerdo de aquella visión de su infancia le llevó a pensar que la nueva estrella de Casiopea se trataba de un cometa, pero, en cualquier caso, sus observaciones le hacen concluir que se trata de un cometa objeto de que está mucho más allá de la Luna y, por tanto, no encaja con la explicación aristotélica de los cometas como fenómenos atmosféricos de la región sublunar. Muñoz cita a Séneca, Demócrito y Anaxágoras como defensores del carácter celeste de los cometas. Muy posiblemente Muñoz compartía la idea de algunos astrónomos de la época de que los cometas eran propios del cielo y no meteoros de la atmósfera. En este contexto, resulta más racional para la cosmología natural que defendía Muñoz, considerarlo un cometa antes que una nueva estrella, como hizo Tycho, para quien las razones de rechazar la naturaleza cometaria de la nueva estrella estaban tanto en su forma —propia de una estrella y no de un cometa con cola luminiscente— como en el hecho de haber permanecido quieta en el cielo, sin ningún movimiento propio, como se sabía que tenían los cometas. El propio Muñoz es consciente de estas características de su "cometa" y dice en su libro "Mas parecía scintillar como estrella fixa", "En ningún autor hallo cometa semejante a este, el cual más me parece estrella que cometa", "hasta ahora ha guardado inviolablemente las leyes de movimiento del primer móvil, como si fuera una estrella fija".

CARTA DE JERÓNIMO MUÑOZ A BARTHOLOMEUS REISACHERUS

Me he reservado otras muchas cosas, además de las que he divulgado en este librito, indignado porque a cambio de mis realizaciones no solo no me han dado las gracias, sino que además he sido rociado de

Para determinar su distancia tanto Muñoz como Brahe tratan de medir la paralaje de la nova. La paralaje es el desplazamiento aparente del objeto respecto de las estrellas fijas al ser observado desde puntos diferentes de la Tierra. La ausencia de paralaje les confirma la enorme distancia a la que se encontraría la nueva estrella.

El intercambio de correspondencia entre astrónomos europeos sobre la nueva estrella es un hecho muy destacable. Aquel episodio es un preludio de la necesidad que tienen los astrónomos —como otros científicos— de intercambiar sus conocimientos, experiencias, observaciones y descubrimientos. Sirvió, sin duda, para intensificar sus relaciones y establecer redes de comunicación entre ellos que fueron extraordinariamente eficientes para la época. El libro de Jerónimo Muñoz se traduce al francés y sus observaciones serán recogidas y comentadas, con admiración, por Tycho Brahe, en una obra en la que hace balance de muchas de las observaciones llevadas a cabo por él mismo y por otros astrónomos de la supernova. Efectivamente, *Astronomiae instauratae progymnasmata* publicado en 1602 es un libro de revisión donde se citan los trabajos de más de 30 astrónomos sobre el fenómeno. Hoy en día, una de las formas de medir el impacto de un

injurias por muchos teólogos, filósofos y palaciegos del rey Felipe, por lo que he decidido ocultar lo experimentado y, como dice Horacio, ni las alegrías son para los ricos, ni vivió mal quien en vida y en muerte pasó inadvertido. No quiero irritar más a los abejorros, ni gastaré siquiera un cuadrante en divulgar mis obras, siendo así que ni el rey, instigador para que escribiera el libro acerca del cometa, ni el acompañante se han sacrificado en cosa alguna. En el futuro invertiré mi dinero mejor de lo que hice hasta ahora imprimiendo libros.

trabajo científico es considerar el número de citas que el trabajo recibe de otros investigadores en el campo. Sin duda Muñoz también se anticipó a su época en este aspecto, ya que su estudio fue comentado, además de por Tycho Brahe, por astrónomos de renombre como Cornelius Gemma (en Lovaina), Thaddaeus Hagecius (en Praga), William Gilbert (en Inglaterra) y Galileo Galilei (en Italia).

Pese a su reputación internacional, la reacción de la corte del rey Felipe II al libro sobre el Nuevo Cometa no es positiva y le produce indignación y desánimo. Así lo escribe en una carta a su colega vienés Bartholomeus Reisacherus fechada en Valencia en 1574 (ver recuadro), en la que afirma que no volverá a publicar. En cierto modo cumplió su promesa. Con anterioridad al *Libro del Nuevo Cometa*, había publicado un manual docente para la enseñanza de las matemáticas necesarias para la astronomía. En 1577, publicó un folleto de 8 páginas sobre la observación de un eclipse de Luna y el Gran Cometa de 1577. La última de sus obras publicadas es un texto sobre la lengua hebrea. Afortunadamente se han conservado muchos de sus manuscritos, autógrafos o copias —en muchos casos de discípulos suyos—. Destacan sus tratados sobre autores clásicos, como los Comentarios al *Segundo Libro de la Historia Natural* de Plinio o el Comentario al *Almagesto* de Teón de Alejandría.

Aunque ciertamente Jerónimo Muñoz era uno de los profesores de la Universitat de València mejor pagados, su salario era inferior al que cobraría por sus servicios en algunas universidades castellanas. Los jurados de la ciudad de Valencia no pudieron impedir que en 1578, Muñoz finalmente aceptara ocupar la cátedra de matemáticas y astronomía de la Universidad de Salamanca, ciudad donde residirá hasta su muerte en 1591. Resulta curioso que en los albores de la universidad en España, esta funcionase sin los criterios uniformadores actuales, y la libre competencia entre las instituciones facilitase la movilidad de sus profesores, primando la excelencia y permitiendo

Izquierda: Cubierta del *Libro del Nuevo Cometa* de Jerónimo Muñoz publicado en València en 1573. Biblioteca Valenciana, Biblioteca Nicolau Primitiu. Derecha: Cubierta de *Astronomiae instauratae progymnasmata* de Tycho Brahe, donde Tycho hace referencia a los trabajos y observaciones de Jerónimo Muñoz sobre la supernova de 1572. Biblioteca Històrica, Universitat de València.

mejorar sus condiciones de trabajo, como ocurre actualmente en el mundo anglosajón, bien diferente de nuestro entorno local.

Recientemente —en octubre de 2004— la prestigiosa revista británica *Nature* publicaba un trabajo de la Dra. Pilar Ruiz Lapuente, de la Universitat de Barcelona, y su equipo en el que identifican la estrella compañera de la enana blanca que explotó como supernova. Tycho G, que es como se llama, ha sido detectada utilizando varios telescopios en todo el mundo y en particular, el telescopio William Herschell de 4,2 metros de diámetro, en el Roque de los Muchachos, en la isla de la

Palma. Se trata de una estrella similar al Sol, aunque con un radio 3 veces mayor. Todo ello refuerza la hipótesis de que el sistema binario explotó como una supernova de tipo Ia. Este tipo de supernovas es, sin duda, uno de los objetos astrofísicos mejor estudiados hoy en día, ya que su observación en galaxias remotísimas produjo en 1998 un cambio drástico en nuestra imagen del Universo. Esas supernovas se han convertido en una evidencia clara a favor de la expansión acelerada del Universo, cuya explicación atribuyen los cosmólogos a la dominancia en el contenido de materia y energía del Universo de un componente —al que se ha llamado energía oscura— que actuaría como una gravedad repulsiva y es responsable de la aceleración en la expansión cósmica.

Jerónimo Muñoz fue un astrónomo valenciano que se adelantó a su tiempo en innumerables aspectos: no eludió la movilidad en su etapa de formación, viajó por diferentes países de Europa y aprendió de los grandes maestros de la época; tampoco lo hizo más tarde, cuando consiguió una plaza de catedrático en la Universitat de València no se quedó en ella para siempre. La Universidad de Salamanca lo reclutó con un mejor ofrecimiento. Su actividad científica tuvo impacto en una comunidad de astrónomos que empezaba a entretejer una red de contactos y relaciones. Su actividad docente fue creativa y de calidad, basada en un conocimiento profundo de autores clásicos y renacentistas (explicaba a Copérnico y su *De Revolutionibus*). Su docencia tenía también un componente práctico: describía con detalle los diferentes instrumentos utilizados en la observación astronómica. Perduró gracias a los textos escritos y manuales pedagógicos escritos por él mismo y por sus discípulos. Además fue variada y multidisciplinar: enseñó matemáticas, astronomía, hebreo, geografía, cartografía, astrología, cosmología, etc. Su actividad no se circunscribía solo a las aulas universitarias: realizó diferentes trabajos que hoy en día podríamos catalogar como propios de una *spin-off* que hace uso de los conocimientos y tecnologías más actuales, calculando longitudes y latitudes de diferentes puntos de la península

Ibérica, realizando censos y mapas, realizando trabajos de nivelación y de conducción y repartimiento de aguas, etc. Además, practicaba lo que hoy llamaríamos divulgación científica, como él mismo atestigua en el *Libro del Nuevo Cometa*: "Soy cierto que el secundo día de Noviembre de 1572 no estaba este cometa en el cielo, ya que ocurre que más de una hora y media después de las seis de la tarde, enseñé en Onteniente a muchas personas públicamente, a conocer las estrellas…". Finalmente cabe señalar que fue un científico honesto que no pretendía salvar las apariencias de sistemas y modelos, como el aristotélico-aquiniano, que no concordaran con las observaciones. Este hecho le produjo tensiones con el poder político y eclesiástico, ya que muchos, por el crédito que conceden a las doctrinas establecidas, "no han podido entender lo que con sus ojos pudieran ver", dice Muñoz, recordándonos a Tycho Brahe, cuando en el prefacio de *De nova stella* se dirige a sus detractores de modo semejante: "O crassa ingenia. O caecos coeli spectatores" ("Oh, mentes espesas. Oh, observadores ciegos del cielo").

BAADE W. "Cassiopeiae as a supernova of type I". *The Astrophisycal Journal* (1945), n.102, p. 309.

BRAHE T. *De nova et nullius aevi memoria prius visa stella, iam pridem anno a nato Christo 1572, mense Novembri primum conspecta, contemplatio mathematica.* Copenhagen: Laurentius Benedicti, 1573.

MUÑOZ, J. *Libro del Nuevo Cometa.* Valencia: Pedro de Huete, 1573.

NAVARRO BROTONS, V. (ed.) *La obra astronómica de Jerónimo Muñoz.* Valencia: Hispaniae Scientia, 1981. (Edición facsímil que incluye *El libro del Nuevo Cometa).*

NAVARRO BROTONS, V. "The Teaching of the Mathematical Disciplines in Sixteenth-Century Spain". *Science and Education,* n.15, p. 209-233.

NAVARRO, V.; MUÑOZ, J. *Introducción a la astronomía y a la geografía.* Valencia: Consell Valencià de Cultura, 2004.

NAVARRO BROTONS, V.; Rodríguez Galdeano, E. *Matemáticas, cosmología y humanismo en la España del siglo XVI.* Instituto de Estudios Documentales e Históricos sobre la Ciencia, 1998. (Cuadernos Valencianos de Historia de la Medicina y de la Ciencia. Serie A Monografías; 54).

RUÍZ-LAPUENTE, P. *et al.*"The binary progenitor of Tycho Brahe's 1572 supernova". *Nature* (2004), n. 431, p. 1069.

PARA SABER MÁS

CUESTIONES

1 ¿En qué constelación se encontraba la nova que observó Jerónimo Muñoz?

2 ¿Qué astrónomo danés escribió un libro sobre la nueva estrella de 1572?

3 Comenta las razones que llevan a Jerónimo Muñoz a referirse al astro aparecido en el cielo como un "nuevo cometa" en vez de una nueva estrella.

4 En la filosofía aristotélica, ¿qué se creía que eran los cometas?

5 ¿De qué fue catedrático Jerónimo Muñoz en la Universitat de València?

6 ¿En qué universidad acabó Jerónimo Muñoz su actividad docente?

7 ¿Qué es una supernova de tipo Ia?

8 Nombra tres astrónomos de los siglos XVI y XVII que comentaran los trabajos de Muñoz sobre la nova.

9 Busca información sobre la paralaje como método para determinar distancias en astronomía.

10 ¿Qué telescopio en la isla de la Palma utilizó la astrónoma Pilar Ruiz-Lapuente para detectar la estrella compañera de la supernova que observó Muñoz? ¿En qué revista publicó los resultados?

MARIANA LANZARA LLORENS

Licenciada en Física por la
Universitat de València
En la actualidad trabaja como
investigadora predoctoral en el
Observatori Astronòmic de la
misma Universidad en el campo
de las estrellas Be's; tarea que
compagina con la divulgación.
Editora y coordinadora general
del área científica de la *Gran
Enciclopedia de la Comunidad
Valenciana* (Levante Ed. Prensa
Valenciana 2005). Realizadora de
talleres de divulgación de física en
educación primaria y secundaria
como miembro del grupo de
trabajo de física Arquímedes de
la Universitat de València. Es
responsable del proyecto de
planetario para invidentes *El Cielo
en tus manos* del Nodo Nacional
de Actividades Astronómicas para
Discapacitados del AIA-IYA2009.

2

JOSEP SARAGOSSÀ

POR MARIANA LANZARA LLORENS

EL ARTÍFICE DEL CAMBIO CIENTÍFICO EN LA ESPAÑA DEL SIGLO XVII

Corría el siglo XVII. España se enfrentaba a la crisis heredada del reinado de Carlos I y al cierre de fronteras intelectuales y el control ideológico que impueso su hijo Felipe II. Las guerras y la Reforma protestante se extendían por Europa. Un orden político, social y religioso que parecía inmutable y eterno, se estaba desmoronando, y dejaba tras de sí desengaños, melancolía y dudas respecto al futuro. El humanismo parecía haber retrocedido a favor de la religión; mientras la Contrarreforma haría del pesimismo, de la razón de Estado y del control de la fe sus armas principales para frenar la crisis.

En esta España, desencantada y aislada intelectualmente, nacería nuestro astrónomo, Bernat Josep Saragossà i Vilanova (1627 – 1679), en la localidad de Alcalá de Chivert. En Valencia cursó tanto sus estudios primarios como los superiores; y en su universidad se graduó en Artes. Ya en esos tiempos se mostró interesado en las matemáticas y sus grandes progresos en la materia merecieron que le fuera ofrecida esa cátedra en dicha universidad. Sin embargo, y pese a que la oferta incluía un aumento del sueldo a percibir, Saragossà la rechazó puesto que tenía sus miras puestas en la teología. En 1651 ingresó en la Compañía de Jesús y, sin haber acabado aún su noviciado, ya enseñaba retórica y lógica en Calatayud, para ser profesor, más tarde, de Artes en Mallorca. De su estancia en las Islas poco conocemos pero debió ser de vital importancia en la futura orientación de su carrera. Se sabe, a través de la correspondencia que se conserva, que entabló relación allí con destacados astrónomos y matemáticos de la época, como Vicenç Mut y Miquel Fuster, que, probablemente, supusieron un importante estímulo a las aficiones matemáticas y astronómicas del jesuita valenciano.

De Mallorca, Saragossà sería trasladado a Barcelona y en 1660, al colegio de San Pablo en Valencia (actual Instituto de Enseñanza Media Lluís Vives). En esta ciudad residió más de diez años, enseñando oficialmente teología y privadamente investigando y enseñando matemáticas. La presencia de Saragossà en Valencia, dio un nuevo impulso al movimiento de novatores en esta ciudad. Denominados así sarcásticamente por sus contemporáneos, se trataba de una nueva generación de intelectuales que, conscientes del retardo científico que sufría el país en esa época, se esforzaron por renovar y modernizar la ciencia española. Este movimiento fue, casi siempre ajeno al mundo universitario y en algunos casos sus integrantes estaban incluso vinculados a órdenes religiosas. Ejemplo de estos renovadores fueron Fèlix Falcó de Belaochaga, Josep Vicent de l'Olmo, Enrique de Miranda, Balatasar Íñigo y, en segunda generación, Joan Baptista Coratjà y sobre todo Tomàs Vicent Tosca.

Su obra renovadora fue máxima en áreas como la medicina y las ciencias químicas y biológicas, pero le faltó unidad histórica en el ámbito de las matemáticas, la física y la astronomía.

En 1670, el "padre Saragossà", como se le conocía entonces, fue llamado a ocupar la cátedra de Matemáticas de los Reales Estudios del Colegio Imperial de Madrid. Siguiendo la moda de la época, fue "profesor privado" de nobles como el virrey Diego Felipe de Guzmán, marqués de Leganés, y del mismísimo rey Carlos II, del que fue preceptor de matemáticas, cosmógrafo, consejero técnico y científico real. Fue en este período de su vida cuando publicó muchas de sus obras. Como investigadora pero también divulgadora, la faceta de profesor frente a la de investigador es, a mi juicio, la más interesante de Josep Saragossà. A él le debemos la importante labor de recolección y síntesis de información e ideas de los textos astronómicos y matemáticos publicados por sus correligionarios, en la Europa del siglo XVII. Como jesuita y profesor su finalidad era claramente didáctica y pedagógica, y ocasionalmente aportaba ideas propias. El hecho de pertenecer a la Compañía influenció su estilo, su forma de abordar las matemáticas y la astronomía e incluso su forma de enseñar. La Iglesia católica ya había puesto en marcha toda su maquinaria para combatir la herejía protestante y, al grito de "la información es poder" y junto con la Inquisición, se lanzó una amplia campaña propagandística para extender su ideología a través de algo tan básico como la educación. Era una estrategia de lo más ingeniosa y la Compañía de Jesús fue su principal brazo ejecutor. Así, Iglesia y Estado acabaron convergiendo al intentar controlar el sistema educativo y usarlo para sus propios intereses. El sistema de enseñanza jesuita era homogéneo, aplicado en todos sus colegios y, lo más importante, a todas las clases sociales. Formaban a sus propios profesores, bien cualificados y humanistas, pero sometidos, obviamente, a la autoridad religiosa. Consecuencia de su éxito, fue la progresiva desaparición de los preceptores de nobles, a favor de los "profesores particulares" jesuitas, así como introducirse incluso en la educación superior fundando, en 1625, los Reales Estudios de San Isidro del Colegio Imperial de Madrid, el primero de estas características en España y donde enseñó Saragossà hasta el fin de sus días.

El ideal jesuita era englobar toda la realidad en una representación única y completa, de cara a un adoctrinamiento social. Los contenidos científicos de sus programas educativos incluían las matemáticas puras y aplicadas, y la física, pero no los estudios experimentales químicos y biológicos. Eran un intento de justificar, con nuevos argumentos, la doctrina escolástica. En cualquier caso, el criterio religioso solo podía limitar teorías que afectaban a la descripción del Universo y su naturaleza, como eran el heliocentrismo o la embrionaria física corpuscular. No podía, por el contrario, imponer condiciones a las nuevas ideas y resultados de la matemática pura, la mecánica, la astronomía de posición y la óptica. Las teorías de Copérnico apenas tuvieron en España el impacto que tuvieron en Europa. Su importancia se redujo al uso de sus tablas astronómicas y a los sistemas matemáticos; y ante el choque entre esta y las Sagradas Escrituras solo cabía anteponer la revelación a la ciencia.

El propio deseo de Saragossà de ser breve y claro que expresa en sus obras, así como la concepción utilitarista del conocimiento, es una muestra evidente de la notable influencia que la orientación pedagógica del programa jesuítico ejerció sobre él. No intentó rebatir los conceptos y opiniones de los autores de su época sino ofrecer alternativas a los problemas que presentaba la astronomía en su tiempo.

Fruto de su labor didáctica son sus trabajos sobre aritmética, geometría o trigonometría destinados al uso docente, como por ejemplo *Aritmética universal* (Valencia 1669), *Geometría especulativa y práctica* (Valencia 1671) y *Trigonometría* (Mallorca 1672). Como investigador, formuló diversos teoremas matemáticos como el de Ceva, cuatro años antes que Ceva. La poca difusión de su obra, sin embargo, impidió que se le reconocieran sus méritos en esta disciplina.

El interés por la observación astronómica directa, heredada de Mut, le llevó también a destacar en el perfeccionamiento y la construcción de instrumentos astronómicos y científicos. Su última obra editada *Fábrica y uso de varios instrumentos matemáticos* (1675), se ocupa precisamente de la descripción y el uso de una serie de instrumentos geométricos, topográficos y astronómicos que el jesuita dedicó al monarca.

Fue, sin embargo, en el ámbito de la astronomía donde Saragossà destacó como un excelente observador y donde su labor, conectada con las nuevas corrientes se convierte en muy valiosa. Ya desde 1660 hacía observaciones con unos potentes anteojos que el mismo se había construido. Con ellos observó los cometas de 1664 y 1677, y sus observaciones del segundo cometa fueron las primeras del mundo.

Muchos de sus trabajos quedaron inéditos y formaban parte del material con que preparaba sus clases. Entre ellos merece la pena destacar tres: el *Tractatus de sphaera et introductio ad astronomiam*, *Astronomia theorica et practica* y su obra cumbre, *Esphera en común celeste y terráquea* (Madrid, 1675). Su estrecha conexión con los ambientes oficiales y religiosos podría explicar su excesiva cautela al tratar temas delicados como el heliocentrismo. Su obra se inclina más hacia la modernidad por su continua necesidad de corroborar las hipótesis de forma empírica con datos de observaciones astronómicas.

La trayectoria e ideario de Saragossà se entrevé en sus obras. A grandes rasgos, el *Tractatus de sphaera et introductio ad astronomiam*, es un tratado eminentemente descriptivo redactado en 1672. Es un borrador de la *Esphera*, en el que Saragossà introduce al alumno los conceptos básicos de la astronomía. La *Esphera en común celeste y terráquea*, su obra más importante, pretendía ser una versión renovada y adaptada de la tradicional *La sphera* de Sacrobosco, el libro de texto de astronomía más popular desde la Edad Media. En este sentido, la obra de Saragossà es una muestra elocuente de la preocupación del autor por difundir en el ambiente español los avances que había experimentado el conocimiento

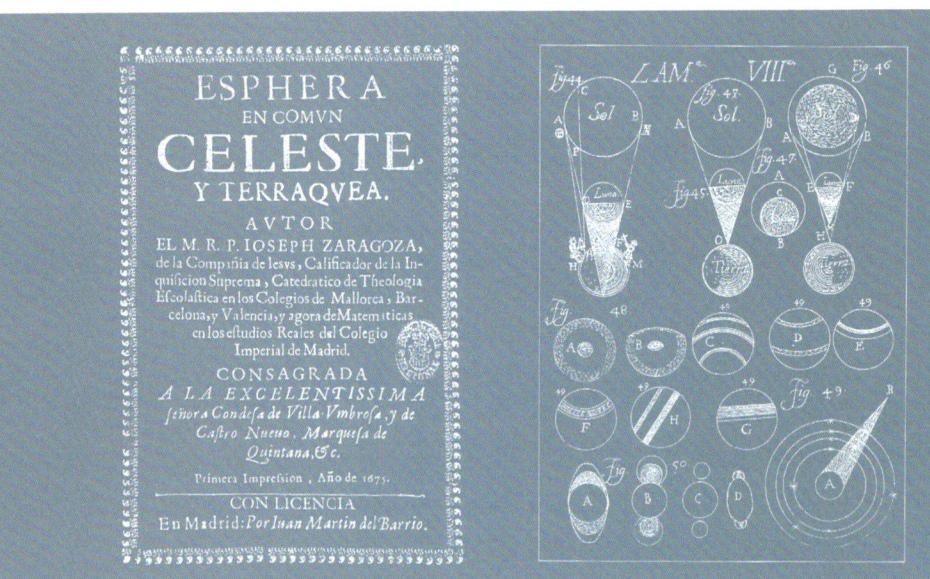

Portada y lámina VIII de la *Esphera en común celeste y terráquea* de Josep Saragossà (1675).

científico europeo. La *Astronomia theorica et practica*, por desgracia, nos ha llegado incompleta. Obra eminentemente técnica, fue concebida para los alumnos que, habiendo cursado la *Esphera*, profundizaban en el conocimiento astronómico. Plantea problemas prácticos en el cálculo de las efemérides y expone las diferentes teorías vigentes en la época.

Es de destacar que Saragossà siempre mantiene una postura relativamente escéptica y admite que no todo es demostrable. A diferencia de jesuitas anteriores Saragossà asume de manera incuestionable que la evidencia observacional es contraria al sistema ptolemaico vigente. La única solución, explica, es la adopción del sistema ticónico. También rechaza la idea aristotélica de la perfección de los cielos, al recordar que el Salmo 101 admite que "las estrellas han de envejecer y pueden cambiar".

Los trazos de la cosmología de Saragossà se ven claros en las primeras proposiciones de su *Esphera*. Hasta entonces el Universo se representaba mediante un conjunto de esferas concéntricas, sólidas y centradas en la Tierra, que contenían los demás planetas y las estrellas fijas. Saragossà aclara ahora que no es posible conocer su verdadero número ni adivinar si todas tienen el mismo centro. Analiza diversos sistemas cosmológicos, desde el ptolemaico al de Tycho Brahe y recuerda que este último pone fin a la solidez y realidad física de las esferas aristotélicas ya que, en él, no todas son concéntricas y se intersectan. Del sistema de Copérnico destaca su economía de movimientos en comparación con los precedentes, pero advierte que, a pesar de ser ingenioso, está condenado por la Inquisición y por ello sólo puede usarse para el cálculo de las posiciones planetarias y siempre y cuando se le considere una mera suposición.

El hecho de que las esferas no fueran concéntricas planteaba un enorme dilema: elegir entre un cielo fluido o un cielo rígido. La elección entre uno u otro implicaba una desviación definitiva de la tradición medieval. El jesuita adopta, en este caso, una postura intermedia. Los cielos son, en parte sólidos y en parte fluidos. Como sus contemporáneos, se basaba en las nuevas observaciones para deslegitimar la solidez de los cielos y en razonamientos basados en las Escrituras para la asunción de su fluidez. Como otros jesuitas seguidores de Brahe y Kepler, afirma que el cielo y los astros son movidos por ángeles o inteligencias superiores. Esto no hace, realmente, más que enmascarar una tentativa genuina de entender las causas del movimiento celeste en términos puramente físicos.

De su estudio sobre los planetas mayores, destacamos su postura novedosa en su tiempo respecto a las machas solares, al afirmar que eran de materia celeste y muy próximas o integradas en el Sol, en lugar de ser planetas. En sus comentarios sobre la Luna observamos la pervivencia, aún, de ideas como la influencia de los cuerpos celestes en la Tierra y los hombres. En concreto, para Saragossà, la observación de la Luna resultaba muy útil en la práctica de la agricultura y de la medicina; ya que, por ejemplo, el conocimiento de los días críticos era necesario para la curación de los enfermos. La Luna era, además, responsable del flujo y reflujo de las mareas y estaba formada por dos substancias diferentes, lo cual refutaba de nuevo, la idea aristotélica de la perfección de los cielos.

Su exposición sobre los planetas menores es una estupenda muestra de los conocimientos de Saragossà sobre los descubrimientos de sus contemporáneos en materia observacional; pero tampoco se libra de las ideas metafísicas al considerar que son "inteligencias" o ángeles quienes los mueven. Como jesuita, expresará su adhesión al sistema ticónico. De Júpiter, entre otras cosas, describe los cuatro "planetas" que giran a su alrededor descubiertos por Galileo; y de Saturno asume, como sus contemporáneos, que sus anillos son dos satélites uno a cada lado del planeta. De hecho, el extraño aspecto de Saturno fue uno de los rompecabezas más importantes en la astronomía del siglo XVII hasta su resolución definitiva por Huygens, en 1659.

EL SISTEMA TICÓNICO

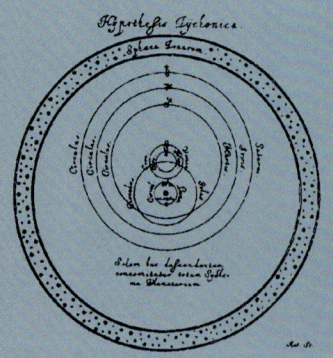

El sistema ticónico fue un modelo del sistema solar desarrollado por el astrónomo danés Tycho Brahe en la segunda mitad del siglo XVII.

Era un sistema intermedio entre el ptolemaico y el copernicano, y combinaba los beneficios del primero con las exigencias filosóficas y físicas del segundo. Del sistema de Copérnico aceptaba la superioridad matemática respecto al de Ptolomeo, pero rechazaba la idea de los tres movimientos de la Tierra. En el sistema de Brahe,

Es interesante y curioso a la vez que, a pesar de ser Saragossà miembro de la Iglesia, desautorizase la "cristianización" del zodíaco como parte del "adoctrinamiento" social llevado a cabo por esta. Las razones que expone son casi cómicas. En primer lugar, argumentaba que dicho cambio no facilitaría el conocimiento del cielo y en segundo lugar, no eran en absoluto adecuadas locuciones del estilo "Cristo mira de oposición a la Virgen", "San Juan Bautista está retrógrado", "La Virgen en San Bartolomé padece detrimento", "Cristo en San Felipe está en su caída" o "la Virgen menguante es eclipsada"

Saragossà también dedicó parte de su obra a la astronomía de posición. La definición y medida de los parámetros de un cuerpo celeste en distintos sistemas de referencia, permitía conocer su posición y velocidad, y, por tanto, las consecuencias astrológicas derivadas de ello. A pesar del movimiento renovador, la astrología continuaba vigente en el siglo XVII.

esta estaba inmóvil en el centro del Universo y rodeada por una esfera estelar cuya rotación era la que producía el movimiento diurno de las estrellas. La Tierra, como en el sistema de Ptolomeo, era también el centro de las órbitas de la Luna y el Sol; y este último era el centro de las órbitas de los restantes planetas. En el sistema así dispuesto, las diferentes órbitas se intersectaban; y para ello, había que renunciar a la realidad física de las esferas materiales de Aristóteles.

El sistema ticónico era esencialmente equivalente al copernicano desde el punto de vista del cálculo. Al continuar con la idea de la inmovilidad de la Tierra eludía cualquier conflicto con las Escrituras y fue el predilecto de los jesuitas. Es posible que el sistema de Brahe obstaculizara la difusión del copernicanismo, pero contribuyó al definitivo abandono del sistema ptolemaico.

Así encontramos a Saragossà haciendo referencia a que Saturno es de lo más infausto, que Júpiter es más benigno, y dedicando una sección a la definición y obtención de las doce casas celestes y el *thema*, cruciales en el procedimiento astrológico. Sin embargo, el propio Saragossà, como muchos otros autores de su tiempo, reconoció que la falta de consenso en esta materia echaba por tierra definitivamente la práctica astrológica.

El aislamiento político y cultural forzado al que se vio sometida España en el siglo XVII, la dejó al margen de la revolución científica europea. Comparados con las universidades españolas, los jesuitas, junto con sus Instituciones y Colegios fueron uno de los grupos con mayor actividad científica. Gracias a ellos, los intelectuales españoles entraron en contacto con la ciencia europea.

Bernat Josep Saragossà falleció en Madrid en 1679. Entre sus discípulos figuran Fèlix Falcó de Belachoaga o el matemático y astrónomo Joan Baptista Coratjà, que prosiguió sus investigaciones. Mucho ha cambiado desde entonces. Ya no necesitamos echar mano de ángeles para mover los astros ni debatir sobre la perfección de los cielos, el heliocentrismo está más que justificado y la Cosmología ha dado un giro radical con teorías como la del Big Bang. La ciencia se ha separado definitivamente de la Teología y cada vez son más los esfuerzos para que este conocimiento esté al alcance de todos… Pero nada de esto habría sido posible sin el enorme esfuerzo iniciado por los novatores y en especial por Josep Saragossà. Podemos estar seguros, finalmente, de que dicho esfuerzo ha dado sus frutos. Desde entonces la apertura intelectual y científica de España ha sido, a veces lenta, pero ciertamente inexorable.

Baig, A.; Agustench, M. *La revolución científica de los siglos XVI y XVII*. Madrid: Alhambra, 1988. (Colección Biblioteca de recursos didácticos Alhambra; 10).

Galilei. G.; Beltrán Marí, A. (ed.). *Diálogo sobre los dos máximos sistemas del mundo ptolemaico y copernicano*. Madrid: Alianza Editorial, 1995.

Gil Fernández, Luis et al. *La cultura española en la Edad Moderna*. Madrid: Istmo, 2004.

Kuhn, T. S.; Bergardà, D. (trad.). *La revolución copernicana: la astronomia planetaria en el desarrollo del pensamiento occidental*. Barcelona: Ariel, 1978.

Roselló Botey, V. *Tradició i canvi científic en l'astronomia española del segle XVII*. València: Universitat de València, 2000.

Vernet, J. *Astrología y astronomía en el Renacimiento: la revolución copernicana*. Barcelona: El Acantilado, 2000.

Vernet, J.; Parés, R. *La ciència en la història dels Països Catalans*. València: Institut d'Estudis Catalans: Universitat de València, 2007.

PARA SABER MÁS

CUESTIONES

JOSEP SARAGOSSÀ

1 En la época histórica en la que vivió Zaragoza el sistema utilizado para describir el sistema solar y el Universo era el postulado por Aristóteles y Ptolomeo. ¿En qué consistía? ¿Qué ventajas y qué desventajas presentaba?

2 ¿Cómo crees que influyó, en la evolución de la ciencia española, la situación política imperante en el país en el siglo XVII? Echando un vistazo a la época reciente de nuestro país, ¿crees que esa situación ha mejorado? Si es así ¿en qué forma y en qué medida?

3 Los siglos XVI y XVII fueron testigos de cruciales reformas religiosas. En Europa predominó el protestantismo mientras que en España el catolicismo. Sin embargo, la situación de la ciencia fue muy diferente en los países protestantes y en los católicos. ¿A qué crees que se debió esto?

4 Los jesuitas pertenecían a una orden religiosa ligada a la Iglesia católica y, sin embargo, se postularon a favor del sistema ticónico para representar el sistema solar en lugar del de Ptolomeo. ¿Qué ventajas o mejoras presentaba este sistema frente al aristotélico-ptolemaico?

5   En su discurso sobre la Luna y los planetas, Saragossà intercala ciencia con conocimientos tradicionales y/o de sabiduría popular. Por ejemplo, de la Luna dice que el estudio de sus ciclos ayudaba en la recuperación de los enfermos. ¿Conoces alguna tradición valenciana relacionada con los astros? ¿Podrías explicar si tiene base científica o no?

6   ¿Por qué el aspecto de Saturno fue un enigma hasta mediados de siglo? ¿Cómo solucionó Huygens el problema?

7   Si actualmente sabemos que no son ángeles o inteligencias superiores los causantes de que se muevan los planetas y el Sol ¿Cuál es la causa real de su movimiento?

8   ¿Qué puedes decir, a grandes rasgos, sobre las teorías cosmológicas de Saragossà? ¿Son muy diferentes de las actuales? En caso afirmativo explica, brevemente, en qué consisten esas diferencias.

9   ¿Cuál fue la labor de los novatores en lo que respecta a la ciencia en España? ¿Crees que fue importante? ¿Por qué?

10   Después de leer el capítulo. ¿Cuál consideras que ha sido la aportación más importante de Saragossà a nuestro país?

MANEL PERUCHO I PLA

Doctor en Física, investigador y docente contratado del Departamento de Astronomía y Astrofísica de la Universitat de València. Ha trabajado en el Max-Planck-Institut de Radioastronomía en Bonn entre 2005 y 2008.
Su campo de investigación es la Astrofísica Relativista, en particular las simulaciones numéricas en supercomputación, aplicadas al estudio de fluidos relativistas en el Universo. Ha publicado sus trabajos en las principales revistas científicas de astrofísica y participa asiduamente en congresos internacionales en este campo de investigación. Ha publicado artículos de opinión y de divulgación científica en los periódicos *Levante*, *El País digital* y *El Punt*.

3

TOMÀS VICENT TOSCA

POR MANEL PERUCHO I PLA

EL MOVIMIENTO NOVATOR Y LA LLEGADA DE LA CIENCIA MODERNA A LA PENÍNSULA IBÉRICA: EN PLENA EFERVESCENCIA CIENTÍFICA EN EUROPA, TOSCA CONTRIBUYÓ A LLEVAR LOS AVANCES CIENTÍFICOS MÁS IMPORTANTES A UNA PENÍNSULA DOMINADA POR LA INQUISICIÓN.

Tomàs Vicent Tosca (València, 1651 – València, 1723) era hijo de un doctor en medicina y catedrático de la Universitat de València. A la edad de 27 años fue ordenado sacerdote y entró a formar parte de la orden de San Felipe Neri. Hombre de ciencia y docente, llegó a ser vicerrector de la universidad entre los años 1717 y 1720. Aparte de su tarea científica, el padre Tosca participó en cuestiones técnicas en el puerto del Grao de Valencia y en el de Cullera, diseñó un canal navegable en la Albufera y el río Júcar, trabajó en diferentes proyectos arquitectónicos y en la elaboración de un mapa de Valencia. Esta obra hizo que el pueblo le pusiera el mote de padre *Ratlletes*.

Tosca perteneció al movimiento novator valenciano, surgido de las tertulias de carácter científico que, hacia el final del siglo XVII, iniciaron un grupo de personas inquietas. Su objetivo era conocer y reunir la nueva ciencia que durante este siglo produjo una revolución que sacudió las bases del conocimiento y la mentalidad de la época. Galileo, Kepler y Newton estuvieron al frente de los descubrimientos que fijaron las bases de la ciencia moderna y del método científico junto a Descartes en el aspecto más filosófico.

A lo largo de la historia occidental, sólo podemos contar dos grandes revoluciones científicas desde los griegos. La del XVII fue la primera, después de dos mil años. La segunda llegó en el siglo XX, encabezada por Albert Einstein, Max Planck, Niels Bohr y muchos otros. Esto nos da una idea del significado y las dificultades que los avances del siglo XVII representaron para la humanidad. Numerosos factores sociales, económicos y políticos retrasaron la revolución mucho tiempo. Incluso cuando se produjo, las resistencias a la incorporación de los nuevos conocimientos fueron muy fuertes. La Iglesia católica, con su brazo inquisidor, fue la gran responsable. Con todo, como veremos, muchos hombres de principios religiosos fueron los que más hicieron, consciente o inconscientemente, para ir venciendo esta oposición.

La nueva ciencia llegó a los novatores principalmente a través de las obras de los padres jesuitas, como las de Milliet Dechales en el campo de las matemáticas. Esta congregación fue pionera a la hora de incorporar los nuevos conocimientos en la educación de los países católicos, respetando las opiniones de la Iglesia y rechazando las teorías que contradecían los dogmas cristianos. Era el caso de la teoría copernicana heliocentrista, que sacaba a la Tierra del centro del Universo.

Las reuniones de los científicos valencianos tenían lugar en las casas de algunos señores nobles. En el año 1686 se constituyó, en la casa de uno de los participantes, Don Baltasar Íñigo, una tertulia que pretendía

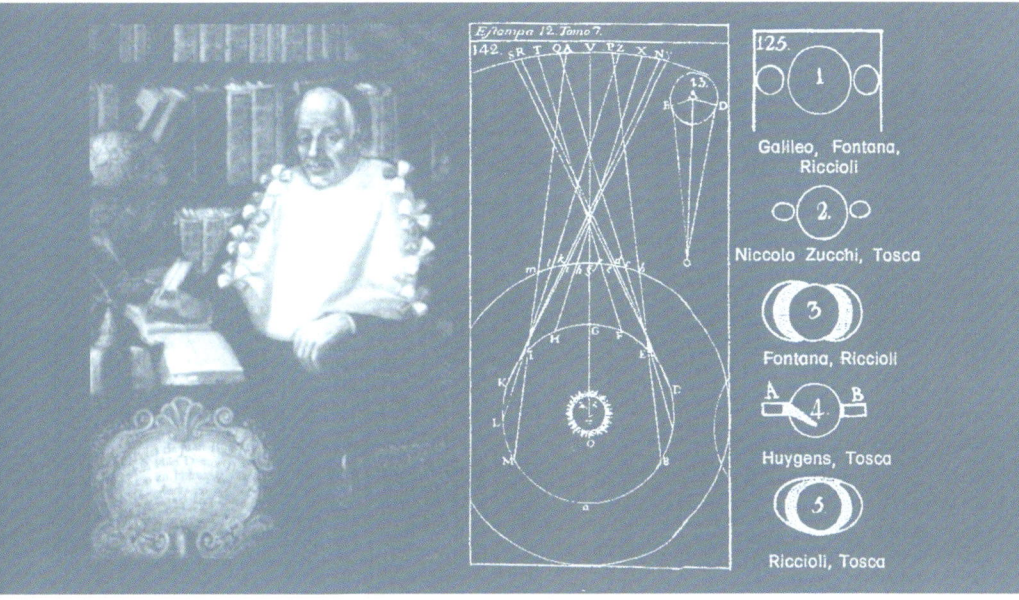

Izquierda: Retrato de Joan Baptista Coratjà (Paraninfo de la Universitat de València). Derecha: Observaciones de Saturno según Tosca.

la creación de una Sociedad Científica Valenciana. Sus componentes eran el propio Íñigo Joan mismo, Joan Baptista Coratjà y Tomàs Vicent Tosca. La manera de funcionar de las reuniones consistía en tratar con una cierta profundidad un tema que se había propuesto al final de la sesión anterior. Las conclusiones eran transcritas por Coratjà en una especie de libros de actas, de los cuales sólo se conserva uno, donde se abordan diversos aspectos de la física, las matemáticas y la ingeniería. El objetivo de este grupo fue llevar los conocimientos que había generado la revolución científica europea a la península Ibérica y generar las bases que permitieran la creación de una vanguardia científica. Era, por tanto, una tarea de cimentación más que de investigación.

La sociedad española de la época tenía un retraso importante respecto al resto de Europa en lo que se refiere a los avances científicos. Eso no era casual sino fruto del encierro al que estuvieron sometidos los reinos de España durante el período de los Austrias, por causa de las luchas de religión a raíz de la Reforma y la Contrarreforma en los siglos XVI y XVII. Había quienes se oponían a la tarea que los científicos como Íñigo, Tosca y Coratjà querían llevar a cabo, por renovadora y modernizadora. Esta gente se burlaba toscamente de nuestros científicos llamándoles los novatores. Curiosamente, es este el nombre con el que ha pasado a la historia su movimiento.

La intención modernizadora de los novatores es el punto más atractivo de su cometido. El objetivo principal del grupo era formar una elite científica para modernizar el país. Esta evolución era muy necesaria, dadas las circunstancias históricas. La historia muestra que para lograr esta modernización se tuvo que luchar contra fuertes inercias que menospreciaban el papel de la ciencia y el conocimiento en la sociedad. Esa mentalidad 'contrarreformista' se ha pagado cara: nuestra economía depende aún en exceso de sectores que basan su crecimiento en la destrucción del paisaje y el agotamiento de los recursos naturales. En cambio, los países que estuvieron abiertos a todas las revoluciones y movimientos científicos tienen una economía más rica y más basada en, efectivamente, la ciencia y la innovación.

Respecto a la obra de sus miembros, las crónicas posteriores reflejan la gran capacidad científica de Íñigo (Valencia 1656 – Valencia 1746), aunque sólo se conserva un manuscrito suyo. De Coratjà (Valencia 1661 – Valencia 1741), hay en las bibliotecas diversos manuscritos de filosofía, física, matemáticas y astronomía. Coratjà fue catedrático de matemáticas en la Universitat de València. Hay constancia de que propuso la modernización de la enseñanza de las matemáticas y de la física, aunque sin éxito.

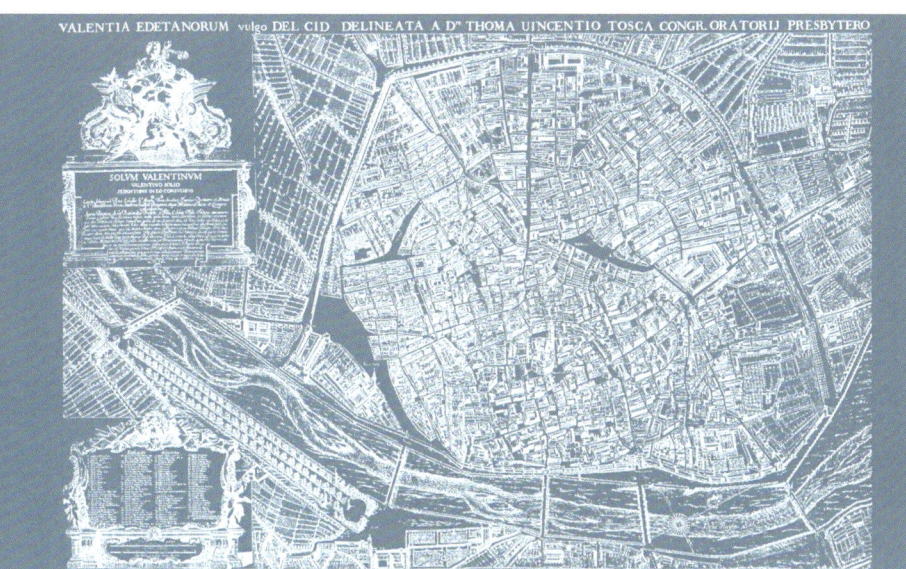

Plano de la ciudad de Valencia hecho por el padre Tosca en el S. XVIII

En el campo de la astronomía, Coratjà publicó en 1682 un folleto de siete páginas sobre el cometa Halley, por su paso cercano a la Tierra ese año. También se conservan manuscritos de diferentes observaciones de los satélites de Júpiter, el anillo de Saturno, eclipses de Luna y un eclipse de Sol en el año 1706. Coratjà menciona la teoría heliocentrista copernicana en su *Tratado de cosmografía*, pero sólo la acepta como una hipótesis y dice preferir la geocéntrica de Ptolomeo, perfeccionada por el astrónomo danés Tycho Brahe, porque esta no contradecía las Sagradas Escrituras. Escribió una obra llamada *Avisos del Parnaso*, donde hacía una recreación literaria de una soñada sociedad científica valenciana en la que se pudiera debatir cualquier tema y donde la razón y la experiencia (en todo aquello que no se opusiera a la fe) fueran los árbitros de las discusiones.

Pero, sin duda, la obra astronómica más importante de los novatores fue la de Tosca, quien recogió en el *Compendio matemático* los conocimientos matemáticos y científicos del momento, en nueve volúmenes publicados entre 1707 y 1715. Esta obra, escrita en castellano, fue reeditada tres veces a lo largo del siglo XVIII, lo que muestra su difusión en España durante este siglo. También publicó, el año 1721, el *Compendium philosophicum* en cinco volúmenes. En esta obra hizo una recopilación de las teorías filosóficas existentes e incorporaba las nuevas corrientes científicas. Fue reeditada una vez a mitad de siglo XVIII.

El séptimo volumen y parte del octavo del *Compendium matemático* están dedicados a la astronomía. En él, podemos leer cual es la visión del cosmos que tenía la comunidad científica del momento. Aunque trata

TOSCA Y LA GUERRA DE SUCESIÓN

Entre 1705 y 1707, la guerra de Sucesión tuvo uno de sus escenarios más importantes en el Reino de València. En 1705 el general Basset desembarca en Altea y encabeza, dentro de esta lucha política entre los Borbones y los Austrias, una revuelta popular que aprovechó el descontento de los campesinos, con la promesa de la disminución de las prestaciones y la abolición del régimen señorial. Esto atrajo al pueblo a la causa de Carlos de Austria, el candidato y señor de Basset. En pocas semanas los *maulets* de Basset tomaron la ciudad de València. Carlos de Austria llegó poco después. En 1707, sin embargo, después de caer las tropas austracistas en Almansa, los franceses y castellanos quemaron la ciudad de Xàtiva y desterraron gran parte de sus habitantes. Y cayó València y su reino, que dejó de existir para pasar a formar parte del "Reino de España por derecho de conquista" y aceptar las leyes de Castilla. Hasta hoy. Pero esta es otra historia.

muchos temas, como el descubrimiento de los satélites de Júpiter, la "corruptibilidad" o la naturaleza cambiante del cielo y sus cuerpos, el debate alrededor de la naturaleza de los anillos de Saturno o de las manchas solares, nos centraremos sólo en dos aspectos: el movimiento de los astros y la composición del espacio. El primero, por su importancia, y el segundo, porque nos permite enlazar con un problema de la cosmología moderna. Vale la pena mencionar antes que Tosca dio un paso importante en su obra hacia la comprensión de la universalidad de las leyes físicas: hizo notar que las partículas que forman los cuerpos celestes como la Luna o el Sol tienen tendencia a caer hacia su centro, como demuestra su apariencia esférica. Esta propiedad era considerada privativa de la Tierra en la concepción aristotélica del Universo. A pesar de esta aproximación a la teoría de la gravitación universal, los

¿Qué hacía el padre *Ratlletes* en este momento convulso? Tenemos noticia por una amonestación de Carlos de Austria de que le obligaron a permanecer encerrado en su congregación. Le acusaban de participar en una conjura proborbónica. Además, tenemos documentación que certifica que escondió su mapa de Valencia durante la presencia de los Austrias y que lo entregó a las autoridades borbónicas poco después de que estos entraran en la ciudad.

En esta guerra hubo muchos aspectos mezclados. En primer lugar, el componente político relacionado con el carácter absolutista de la monarquía francesa frente a la tradición política de la Corona de Aragón, muy diferente. Este factor hizo que parte de la nobleza se pusiera de parte de los Austria. Después se añadió la vertiente social, con la revuelta de los *maulets*, antes mencionada. En general, y en parte por este último punto, una parte importante de la nobleza optó por la opción borbónica. Ciertamente, la posición de Tosca debía responder a factores sociales y a su entorno, pero no conocemos con certeza el porqué de su actuación. Sí que sabemos que las clases de matemáticas que impartía a hijos de la nobleza valenciana fueron suspendidas por la guerra.

COMPENDIO
MATEMÀTICO,
EN QUE SE CONTIENEN TODAS LAS
MATERIAS MAS PRINCIPALES DE LAS CIENCIAS,
QUE TRATAN DE LA CANTIDAD.

QUE COMPUSO
EL D.ᴿ TOMAS VICENTE TOSCA,
PRESBITERO DE LA CONGREGACION
DEL ORATORIO DE S. FELIPE NERI
DE VALENCIA.

TOMO I.

Que comprehenda { GEOMETRIA ELEMENTAR.
                  ARITMETICA INFERIOR.
                  GEOMETRIA PRACTICA.

EN VALENCIA
EN LA OFICINA DE LOS HERMANOS DE ORGA
MDCCLXXXIV.
CON LAS LICENCIAS NECESARIAS.
Se hallará este con el de Arquitectura y Reloxes en la
Librería de Pedro Juan Mallen y Compañia, junto
á San Martin.

Izquierda: Grabado que representa a Tomàs Vicent Tosca. Volumen I del *Compendio matemático*. Edición de 1757. Derecha: Retrato de Tomàs Vicent Tosca (Paraninfo de la Universitat de València)

novatores no llegaron a incorporar los trabajos de Newton, publicados en 1687, porque no tenían noticia de ellos.

Respecto al movimiento de los objetos celestes, Tosca expone las teorías ptolemaica y copernicana, e incluye también las ideas de Kepler. Compara las teorías al explicar el movimiento del Sol, la Luna y los planetas, y demuestra que ambas los explican. Aún así, destaca la facilidad con que la teoría heliocéntrica rinde cuenta de los complicados movimientos de los planetas. Pero sólo habla de ella como una hipótesis o suposición. Refuta los argumentos de los partidarios de Copérnico, aunque con argumentos poco científicos, como la intervención divina en el movimiento de las estrellas, y rechaza también los argumentos en contra del movimiento de la Tierra usando las ideas de Galileo. Concluyó que, como no había pruebas claras a favor de ninguna de las teorías, se tenía que continuar pensando que la Tierra era inmóvil para no contradecir las Escrituras. Es difícil interpretar si Tosca era partidario de la teoría heliocéntrica en secreto, pero de sus escritos se puede extraer la conclusión de que el único motivo por el que no las podía aceptar era, simplemente, porque iba en contra de los dogmas de la Iglesia. Recordemos que Galileo estuvo a punto de sufrir las consecuencias de este debate a altas temperaturas, pero rectificó a tiempo. Giordano Bruno no corrigió su posicionamiento heliocentrista y fue quemado por hereje. Como vemos, se trataba de debates intensos y "acalorados".

Al exponer la composición del espacio que hay entre la Tierra y la esfera celeste, Tosca recoge, en contra de la filosofía tradicional, parte de la teoría atomista para afirmar que la composición de la atmósfera y del cielo no son diferentes, sino que están formadas ambas por partículas muy pequeñas o, en sus palabras, "átomos sutilísimos". Opina que los cuerpos celestes están también formados por agregaciones de estas partículas. En resumen, todo el Universo tiene una composición parecida, lo que suponía un avance importante respecto a las ideas clásicas, donde la Tierra tenía una composición y unas leyes bien distintas a las del resto del Cosmos.

Tosca creía que las estrellas tenían luz propia, como el Sol, por estar hechas de la misma materia, y que se movían a través de un medio fluido con la inercia que les dio el Creador como impulso inicial, teoría que prefiere frente a otras que decían que eran ángeles los que las arrastraban por el cielo, usada por el mismo Coratjà, o que se movían por encima de esferas sólidas. La teoría de las esferas sólidas fue rechazada a partir de la percepción de los cometas como cuerpos celestes, ya que la trayectoria de estos, que atravesaba las supuestas esferas, negaba su existencia.

Hoy en día, la cosmología aún se pregunta cuál es la composición del Universo. Las teorías actuales nos dicen que aquello que vemos en forma de estrellas y galaxias es sólo alrededor de un 4% del total de la materia y energía del Universo. La materia oscura, de la que conocemos su existencia porque hemos podido medir la atracción gravitatoria que ejerce sobre la materia visible, es de alrededor de un 20% más. Sus propiedades exactas, sin embargo, nos son aún desconocidas. ¿Y el 75% restante? Se trata, creemos, de una energía del vacío o quintaesencia, como dicen los cosmólogos, y desconocemos su naturaleza. Sabemos que el Universo se expande de manera acelerada y, para explicarlo, pensamos que esta energía de vacío debe generar una fuerza repulsiva que acelera la expansión del Universo.

En conclusión, si las teorías cosmológicas son correctas, sólo conocemos con una cierta seguridad la naturaleza de un 4% de la materia y energía que hay en el Universo. De otro 20%, sólo sabemos la manera con la que interacciona. Y del 75% restante, le suponemos una propiedad, pero nada más. Por tanto, como veis, sabemos ciertamente mucho más que Tosca y sus contemporáneos, ¡pero continuamos casi tan perdidos como ellos!

En este punto, sin embargo, se ve claro que la clave del cambio introducido por la nueva ciencia fue el "método": las teorías tenían que estar apoyadas en la razón, la observación y la experiencia. El hecho de que en la época aún hubiera quien prefería explicar el movimiento de los astros con unos ángeles que los arrastraban alrededor de la Tierra, demuestra desde dónde se llegaba a este cruce de la historia: desde la oscuridad de la superstición. Nuestros novatores no llegaron a dejarla de lado, pero dieron el primer paso para que nuestra ciencia lo hiciera.

LÓPEZ PIÑERO, J. M.; NAVARRO BROTONS, V. *Història de la ciència al País Valencià*. València: Alfons el Magnànim: Generalitat Valenciana, 1995.

NAVARRO, V. "Astronomy and cosmology in Spain in the seventeenth century: the new practice of astronomy and the end of the Aristotelian-Scholastic cosmos". *Cronos*, 2008, p.15-39.

NAVARRO, V. "Descartes i la introducció a Espanya de la ciència moderna". *Afers,* 30 (1998), p. 309-337.

NAVARRO, V. *Tradició i canvi científic al País Valencià modern.* València: Tres i Quatre, 1985.

PÉREZ APARICIO, C. *Canvi dinàstic i Guerra de Successió: la fi del Regne de València.* València: Tres i Quatre, 2008.

VERNET, J.; PARÉS, R. (dirs.). *La ciència en la història dels Països Catalans.* Volum II: *Del naixement de la ciència al País Valencià.* València: Institut d'Estudis Catalans: Universitat de València, 2007.

PARA SABER MÁS

CUESTIONES

TOMÀS VICENT TOSCA

1 Si observamos el movimiento del Sol y las estrellas cualquier día, ¿qué conclusión sacaremos? ¿Se ve con claridad que la Tierra gira alrededor del Sol o todo lo contrario? ¿Cómo llegaron los astrónomos del siglo XVII a la conclusión de que, al contrario de lo que parece, la Tierra y los otros planetas giran alrededor del Sol? Explicad el proceso histórico.

2 La revolución científica del siglo XVII tuvo como resultado más importante la introducción del método científico. Describe fijando las diferencias más importantes con las prácticas anteriores: experimentación y observación de la naturaleza.

3 Explica las razones históricas y sociales por las que los reinos de España no avanzaron al mismo ritmo que los estados centroeuropeos: guerras, religión....

4 Comenta la importancia de la obra de los novatores en el marco de la revolución científica.

5 ¿Qué equilibrios dialécticos tenía que hacer un científico de la época a la hora de publicar sus resultados o ideas? ¿Por qué?

6 En grupo, discutid sobre la pseudociencia: ¿se puede llamar ciencia a una actividad en la que hay creencias involucradas o que no utiliza los mismos métodos que la ciencia moderna? ¿Se contrastan los resultados y se hacen pruebas para demostrar la validez en campos como la astrología o la parapsicología?

7   Busca información sobre la materia oscura. ¿Qué es? ¿Es fácil de detectar?

8   Haz lo mismo con la energía del vacío.

9   Actualmente ya no discutimos si la Tierra se encuentra en el centro del Universo, porque sabemos que no está en esa posición: nuestro planeta orbita alrededor del Sol, una estrella normal que también orbita alrededor del centro de nuestra galaxia. Esta galaxia forma parte de un grupo de galaxias llamado "Grupo Local". Además, el Universo conocido está lleno de grupos y cúmulos de galaxias como el nuestro. Por tanto, no sólo no ocupamos el centro, sino que estamos perdidos en la inmensidad. Busca información sobre el tamaño típico de las diferentes escalas (sistema solar, Vía Láctea, Grupo Local, Universo conocido...) de las que hablamos.

10   En los últimos años, estamos descubriendo nuevos planetas orbitando alrededor de muchas estrellas. Busca información. ¿Cuántos planetas, más o menos, se han descubierto hasta ahora? Esto implica que nuestra Tierra podría no tener nada de especial. Incluso es muy probable que haya vida en otros planetas. Si esta es inteligente o no, es otra cuestión. ¿Cómo creéis que han afectado todos los descubrimientos astronómicos desde hace cuatrocientos años a la sociedad? ¿Tiene sentido continuar pensando que el hombre es el centro del Universo y de la Creación? ¿A quién puede molestar este tipo de descubrimientos? ¿Por qué? Redactad vuestras conclusiones y debatidlas en clase.

FERNANDO J. BALLESTEROS ROSELLÓ

Doctor en Física (Universitat de València, 1996), es astrónomo y miembro del Observatori Astronòmic de la Universitat de València.

Ha trabajado en el diseño y el desarrollo del telescopio espacial de rayos gamma INTEGRAL (ESA) y también del telescopio espacial LEGRI (INTA). Posteriormente, sus intereses evolucionaron hacia la astrobiología y fue investigador en el CAB (Centro de Astrobiología del CSIC). Ha publicado trabajos sobre el genoma y su comportamiento físico. Con una amplia experiencia en divulgación es Premio Europeo de Divulgación Científica "Estudi General" por su libro *Gramàtiques extraterrestres* y coautor del programa de Radio Nacional de España *Los sonidos de la ciencia* (2005-2008). Publica de manera habitual en la Revista *Astronomía*, el suplemento de ciencia *Tercer Milenio* del Heraldo de Aragón o la revista *Mètode*, entre otros. Es, además, coautor de los libros *Astrobiología*, *un puente entre el Big Bang, la vida y Nexus* y *10.000 años mirando estrellas*.

4

JORGE JUAN Y SANTACILIA

POR FERNANDO J. BALLESTEROS ROSELLÓ

EN UNA ÉPOCA EN QUE LA CIENCIA YA MOSTRABA UNA MARCADA
ESPECIALIZACIÓN (S. XVIII), SE CARACTERIZÓ POR INTERESARSE
POR TODO, Y DESTACAR EN TODO.

EL ESPÍA DEL PUNTO FIJO

El espía de Su Majestad había burlado el servicio de inteligencia de aquel país y se había infiltrado en el núcleo del complejo donde se estaban construyendo las naves más avanzadas del mundo. Usaba un nombre falso y nadie sospechaba de él. Lo habían tomado por uno más. Pero estaba alerta, consciente de la pistola escondida bajo su chaqueta, mientras tomaba nota del armamento y las innovaciones tecnológicas de las naves enemigas. Era información *top secret* que, cuando estuviera a salvo en su alojamiento, encriptaría en clave numérica y mandaría a su superior, el jefe del servicio secreto.

¿Nos hemos metido en una película de James Bond? No. La música que sale de la iglesia cercana a los astilleros, un oratorio que el maestro Händel acaba de componer, nos sitúa en el año 1749. El espía, un hombre culto y complejo, la reconoce y tararea la melodía. No en balde, además de espía es un reputado científico, y miembro de diversas sociedades científicas.

¿Se trata del doctor Maturin, el científico y espía inglés de las novelas de O'Brian? De nuevo, la respuesta es no. La anterior recreación tiene lugar en los astilleros de Londres: los ingleses son los espiados. Otras dos diferencias le separan del médico de *Master & Commander*: cronológicamente, la acción ocurre casi un siglo antes, durante el reinado de Fernando VI de España, y a diferencia de Maturin, nuestro agente secreto es un personaje real. Se trata del astrónomo, marino, físico, matemático, geógrafo y espía Jorge Juan y Santacilia (Novelda, 1713 – Madrid, 1773).

Su presencia en los astilleros londinenses se debía a Zenón de Somodevilla, Marqués de la Ensenada, quien entre otras cosas era *de facto* el jefe del servicio secreto español durante los reinados de Felipe V, Fernando VI y Carlos III. En pleno *Siglo de las Luces*, Ensenada se había empeñado en modernizar España introduciendo los últimos avances científicos y técnicos. Así, modernizó las infraestructuras, promovió el intercambio cultural, creó centros científicos y, en definitiva, apostó por el desarrollo tecnológico, desempeñando una labor cuyo papel en la ciencia española aún no ha sido correctamente valorado.

Entre otras metas, Ensenada quería reformar la Armada y modernizar la construcción de los navíos españoles. Y como entonces era en Inglaterra donde se construían los barcos más avanzados de la época, no tuvo empacho en enviar a espiar el sistema de construcción de los buques y el armamento de aquel país a Jorge Juan, su hombre de confianza. Eso sí, con un nombre falso, ya que la entrada a los astilleros londinenses estaba vetada a los extranjeros. Sería así el matemático Mr. Joshua. Durante su estancia en Inglaterra, su actividad científica (parte fundamental de

Jorge Juan y Santacilia, mucho más que un astrónomo (Museo Naval, Madrid). Despacho en clave desde Londres de Jorge Juan al marqués de la Ensenada, descifrado (Archivo General de Simancas, Valladolid).

su tapadera) fue tan brillante que acabó siendo admitido (con nombre falso) como miembro de la prestigiosa Royal Society de Londres. Pero dejémosle momentáneamente en Londres.

Cinco años antes ya había sido aceptado como miembro de la Académie Royale des Sciences de París (aunque esta vez con su nombre auténtico), a su regreso de la expedición al virreinato de Perú, uno de los hitos más importantes de su carrera. Esta expedición tenía como finalidad determinar la forma de la Tierra (ver destacado). La Académie Royale des Sciences de París había decidido enviar dos expediciones para medir la longitud de un grado de meridiano en dos regiones, una polar y una ecuatorial. La primera, dirigida por Maupertuis, iría a Laponia, y la segunda, dirigida por La Condamine, a Quito, en el virreinato de Perú, entonces territorio español. Por ello, Francia pidió permiso a Felipe V para que la expedición de La Condamine tuviera todos los beneplácitos para medir tranquilamente, en aquellas tierras, la longitud de un grado de meridiano.

Felipe V lo dio, pero con condiciones. Dada la relevancia que tenía el debate científico sobre la forma de la Tierra, quiso que la expedición fuera hispanofrancesa, la financió al 50% e impuso la participación de dos oficiales como representación española de la expedición. Éstos, además de militares, debían estar sobre todo capacitados científicamente, ya que realizarían sus propias mediciones independientes, e incluso deberían asegurar el éxito de la misión en el caso de que por una catástrofe murieran los franceses. Los elegidos fueron dos jovencísimos guardiamarinas, que habían finalizado brillantemente sus estudios en la Academia de

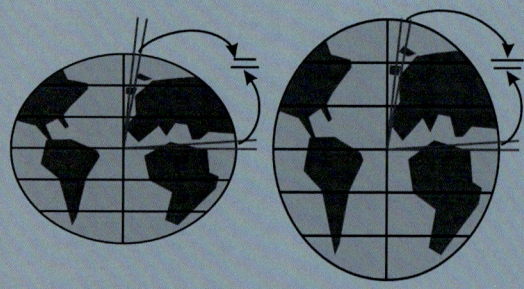

LA FORMA DE LA TIERRA

El s. XVIII acogió uno de los debates más agrios y acalorados de la historia de la ciencia, con la forma de la Tierra como protagonista: la de si nuestro planeta es abultado por los polos como un melón, o achatado como una sandía. Este debate ya arrastraba un siglo de polémica, pero llegó a su punto álgido cuando dos de las personalidades científicas más relevantes (y con más carácter) de la época se enfrentaron con posiciones encontradas: el francés Jean Dominique Cassini, defensor de la primera postura, y el inglés Isaac Newton, que defendía que la Tierra era achatada por los polos. La forma achatada era una predicción de la nueva mecánica newtoniana, y era defendida sólo por una minoría. Por su parte, Cassini, junto con los

Guardiamarinas de Cádiz y a los que se ascendió a tenientes de navío (¡un salto de cuatro grados!) para la expedición: Jorge Juan, que contaba con 21 años (y al que por su brillantez en matemáticas sus compañeros apodaban "Euclides") y Antonio de Ulloa, de 19 años. Ambos trabarían una fuerte amistad que duraría toda su vida.

Mientras que la expedición a Laponia fue relativamente sencilla y Maupertuis realizó sus medidas en pocos meses, las dificultades de la expedición de La Condamine fueron tantas que la medición de marras duró nueve años, desde 1735 hasta 1744. En este tiempo, los tenientes españoles pulieron sus conocimientos y alcanzaron la maestría científica. Y también comenzaron su carrera en el espionaje, ya que Jorge Juan y Antonio de Ulloa tenían, además, órdenes de elaborar un informe secreto sobre la legalidad de la política que realizaba el virreinato de Perú. Y en

geodestas de la Académie Royale des Sciences de París, defendían la forma de melón, pues era la que parecía inferirse de las mediciones realizadas del meridiano de París, y no aceptaban que tal asunto se dirimiese teóricamente. ¿Cómo resolver el debate? Pues de manera empírica: midiendo la forma de toda la Tierra.

Una manera de hacerlo sería medir a cuánta longitud sobre la superficie de la Tierra corresponde un grado de latitud geográfica, medido cerca del ecuador y cerca de los polos. Es decir, cuánto hay que caminar en la dirección norte-sur, a lo largo de un meridiano, para que la posición de los astros en el cielo cambie justo un grado. Como se aprecia en el diagrama, si la Tierra es achatada, a un grado de latitud le corresponde mayor longitud en la zona ecuatorial, mientras que si es amelonada, será mayor en la zona polar.

Cuando por iniciativa de la Académie Royale des Sciences de París, se realizó por fin esta medición, se determinó que la postura francesa era la errónea. La Tierra resultaba achatada por los polos, como una sandía: Newton tenía razón.

paralelo debían controlar a los franceses, ya que se temía que, a su vez, éstos pudieran espiar las infraestructuras militares del virreinato.

Los incidentes en la expedición a Quito fueron muchísimos. Los franceses continuamente discutían entre ellos, así que, en parte para obtener mayor precisión, y en parte para relajar el ambiente, se dividieron en dos grupos: uno que haría la medición de sur a norte, y otro que haría el camino contrario. Para colmo, despertaban los recelos de los nativos que no entendían lo que hacían esos caballeros. En Cuzco se los vio como brujos que estudiaban el cielo con extraños aparatos, lo que (junto con cierto asunto de faldas) acabó provocando el asesinato del cirujano de la expedición. Y en Lima se armó un buen revuelo al creer que iban a mover la línea del ecuador y cambiar el caluroso clima local por uno más frío. Fueron también los indios de Lima quienes les dieron el sobrenombre con el que pasarían a la posteridad: dado el tiempo que habían de permanecer quietos sosteniendo una señal geodésica en todo lo alto de la Cordillera de los Andes, a 5000 metros de altura, mientras se esperaba a que el compañero fuera a la montaña de al lado para realizar la medición, los lugareños los llamaron *Los caballeros del punto fijo*.

Por fin, tras muchos padecimientos y después de repetir muchas veces los cálculos debido en buena parte al mal estado del instrumental, lograron terminar la medición en 1744, y Ulloa y Jorge Juan partieron con los valiosos datos rumbo a Europa. Decidieron hacerlo en barcos distintos, cada uno con una copia de las mediciones y los documentos, para que no se perdiera el trabajo en el caso de que uno de los buques naufragara. Tras unas semanas de viaje, Jorge Juan llegó a Francia y presentó los resultados de la expedición ante la Académie Royale des Sciences de París, y así fue admitido como miembro de la misma.

Por su parte, Ulloa daba con sus huesos en la cárcel. El barco en el que regresaba fue capturado por la armada inglesa. Ulloa, viéndose el pastel, tiró a tiempo por la borda todos los documentos secretos relativos a su labor de espionaje, pero afortunadamente conservó los datos científicos consigo. Fue esto lo que lo sacó de la cárcel. El Almirantazgo se interesó por tan curiosos papeles y se los pasó al presidente de la *Royal Society* de Londres. Al ver la valía científica del trabajo (y que encima daba la razón a la opinión inglesa sobre la forma de la Tierra), no sólo pusieron en libertad a Ulloa, sino que lo hicieron miembro de la *Royal Society*.

Finalmente, Jorge Juan y Antonio de Ulloa llegaron a España, y fueron a Madrid a dar parte de todos los aspectos tanto públicos como secretos de su misión en Sudamérica. Allí fueron recibidos por el marqués de la Ensenada y así se inició su fructífera relación laboral y de amistad.

Ensenada, temiéndose que cuando los franceses publicaran los datos silenciaran la participación española, decidió adelantarse y pidió a los dos tenientes que le dieran a la pluma, para publicar sin retraso los resultados científicos del viaje. Salieron así a la luz varios libros firmados por ambos, como *Observaciones astronómicas y físicas hechas en los reinos Perú* (el Observatori Astronòmic de la Universitat de València tiene en propiedad una primera edición de la época) en 1748, tres años antes de que La Condamine publicara su propio libro, junto con *Relación histórica del viaje a América Meridional*, y un año después el influyente trabajo *Disertación histórica y geográfica sobre el meridiano de demarcación* (ver destacado).

EL SABIO ESPAÑOL

A pesar de que todo lo anterior pueda dar una visión aventurera de Jorge Juan, fue sobre todo un científico. Y un científico de primera línea, como lo prueba la calidad de los trabajos anteriores, lo que le valió en Europa el sobrenombre de "El sabio español". A él debemos los dos centros astronómicos más antiguos de España: el Real Instituto y Observatorio de la Armada, fundado en 1753 en la misma academia de guardiamarinas donde estudió, y el Observatorio Astronómico Nacional, fundado en 1790 a instancias de Carlos III, siguiendo la sugerencia que Jorge Juan le hizo años atrás. Sin embargo, su interés no se centró sólo en la astronomía. Que se tenga constancia, fue el primer científico español en emplear el cálculo diferencial, una rama de las matemáticas novísima por aquél entonces, recién creada por Newton y Leibniz. Lo aplicó en los libros mencionados, pero también en materias aplicadas, como el cálculo de estructuras de barcos, y en construcciones como diques y edificios (los arsenales de El Ferrol y de Cartagena se deben a él).

Pero sin duda su gran obra científica (y la gran olvidada) es su mecánica de fluidos. Tal vez porque el nombre de este magnífico tratado era *Examen Marítimo* (1771), lo que lo hizo pasar desapercibido en tiempos posteriores (o quizás porque era obra de un español, y lo nuestro nunca ha sido el *marketing*). Sin embargo, el primer volumen es un estudio puramente científico, riguroso y novedoso, sobre mecánica de fluidos, centrado especialmente en la resistencia que un fluido opone al movimiento de un

EL MERIDIANO DEL CONFLICTO

Si ha visto la película *La Misión*, recordará que el argumento de la misma se centraba en si ciertos territorios (donde se encontraba la misión en cuestión) pertenecían a España o a Portugal. Esto se debe a que el reparto del continente se decidió, en cuatro bulas del papa Alejandro VI, ratificadas luego por la firma del tratado de Tordesillas (1494), mediante un meridiano que se encontraba "a 100 leguas al oeste de las Azores y Cabo Verde", de forma que toda la tierra al este del meridiano de demarcación pertenecería a Portugal, y al oeste, a España.

Lo malo es que la longitud geográfica es muy difícil de determinar (históricamente ha sido uno de los problemas astronómicos más importantes), y era muy tentador (y fácil) moverlo de aquí para allá según la conveniencia política, lo cual provocaba toda clase de incidentes diplomáticos. Hubo que esperar hasta 1749, con la publicación del trabajo de Jorge Juan en América del Sur recogido en su *Disertación* cuerpo. Jorge Juan lamentaba la dicotomía entre constructores de barco, con cerradas tradiciones y sin conocimientos teóricos, y los teóricos de mecánica de fluidos que carecían de experiencia naval. Por ello, decidió dotar de un buen cuerpo experimental a su trabajo teórico, haciendo estudios del movimiento en un fluido de distintos volúmenes (cilindros, conos, esferas...), llenando de paso el fondo de la Bahía de Cádiz de recuerdos de sus experimentos. Este libro, el primer trabajo científico serio sobre construcción naval, fue tal éxito que, tras su publicación, se tradujo inmediatamente en toda Europa y fue en buena parte responsable de que el siglo XVIII fuera el siglo de oro de la navegación a vela.

Este siglo hizo también evidente la especialización de la ciencia: los científicos cada vez se dedicaban a un campo de investigación más restringido. Fue, sin duda, un camino enormemente fructífero, que

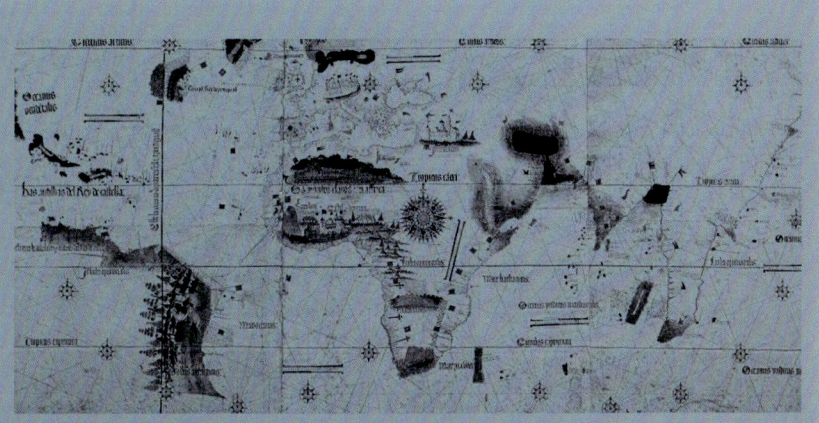

Planisferio de Cantino del s. XV, mostrando (a la izquierda) el disputado meridiano de demarcación (Biblioteca estense universitaria de Módena, Italia).

histórica y geográfica sobre el meridiano de demarcación para que, por fin, se fijara científicamente la posición correcta del meridiano del conflicto.

desembocó en la profunda especialización actual. Pero ha limitado nuestra perspectiva y ha hecho de las zonas entre especialidades tierra de nadie. Sin embargo, a Jorge Juan todo le interesó, un enfoque interdisciplinario que vuelve a estar de actualidad, pues esa tierra de nadie entre ciencias, está demostrando ser enormemente fructífera.

Pero volvamos a Londres, donde habíamos dejado a Jorge Juan en plena actividad de espionaje. Desde allí, mediante una red de colaboradores, poco a poco fue enviando a España un continuo goteo de información, herramientas especializadas y artesanos ingleses (convencidos mediante sueldos generosos), hasta que uno de sus envíos fue descubierto, lo cual le obligó a cambiar de identidad y se convirtió en el librero inglés George Sublevant. A partir de ese momento, el desenlace se aceleró. Los artesanos ingleses en España, al ver que sus condiciones eran buenas, reclamaron a sus mujeres y Jorge Juan preparó el viaje de las mismas. Pero uno de sus colaboradores, el padre Lynch, insistió en darles una misa de despedida. No sabemos qué diría en la homilía, pero debió cometer alguna indiscreción porque de repente se destapó el pastel: al padre Lynch lo detienen y emiten orden de captura contra Mr. Sublevant. Sin embargo, Jorge Juan embarcó a tiempo a las mujeres y se disfrazó él mismo de marinero, tan convincentemente que, a pesar de que el barco fue registrado a conciencia, no lo identificaron ni detuvieron.

Finalmente, llegaron a salvo a Caláis. Tras 18 meses de espionaje había logrado todos los datos que necesitaba, y además maquinaria y telares especializados, junto a 50 de los mejores ingenieros, constructores de velas y artesanos, con sus mujeres, y así llevó a cabo una de las fugas de cerebros más sonadas de la historia.

ALBEROLA ROMÁ, A. *Biografía de D. Jorge Juan y Santacilia.* Edición digital: https://cervantesvirtual.com/portales/jorge_juan_santacilia/autor_biografia/

SIMÓN CALERO, J. "La mecánica de los fluidos en Jorge Juan". Revista *Asclepio*, vol. LIII-2-2001. Ed. CSIC. Edición digital: http://asclepio. revistas.csic.es/index.php/asclepio/article/viewFile/168/165

DIE MACULET, R.; ALBEROLA ROMÁ, A. *La herencia de Jorge Juan. Muerte, disputas sucesorias y legado intelectual.* Sant Vicent del Raspeig: Universitat d'Alacant, 2002. Edició digital: http://cervantesvirtual.com/FichaObra.html?Ref=30290

GUILLÉN TATO, J.F. *Los tenientes de Navío Jorge Juan y Santacilia y Antonio de Ulloa y de la Torre-Guiral y la medición del Meridiano.* Novelda: Caja de Ahorros de Novelda, 1973. Edición digital: http://cervantesvirtual.com/FichaObra.html?Ref=31243

LAFUENTE GARCÍA, A.; MAZUECOS, A. *Los caballeros del punto fijo (Ciencia, política y aventura en la expedición geodésica hispanofrancesa al virreinato de Perú en el siglo XVIII).* Barcelona: Serbal-CSIC, 1987.

SOLER PASCUAL, E. *Viajes de Jorge Juan y Santacilia: ciencia y política en la España del siglo XVIII.* Barcelona: Ediciones B, 2002.

PARA SABER MÁS

1 ¿Qué es una toesa?

2 Busca información sobre el sextante y explica cómo se puede usar para medir el ángulo entre dos astros.

3 Averigua los nombres de los componentes de la expedición de La Condamine al virreinato de Perú, y su nacionalidad.

4 ¿Por qué era importante medir el tamaño de un grado de meridiano cerca del ecuador?

5 ¿Qué es la Royal Society?

6 ¿Cuáles eran los territorios que controlaba la corona española en la época en que se realizó la expedición de La Condamine?

7 Busca información sobre por qué era fácil determinar la latitud geográfica y, sin embargo, era muy difícil determinar la longitud geográfica. ¿Qué consecuencias políticas tenía este hecho en Sudamérica?

8 ¿Cuál fue el papel de Jorge Juan en la expedición a Sudamérica?

9 ¿A qué llamamos "El siglo de las luces" y por qué?

10 ¿En qué otro campo, además de la astronomía, se distinguió Jorge Juan?

SUSANA PLANELLES MIRA

Cursó sus estudios de Física en
la Universitat de València y realizó
su doctorado en el Departamento
de Astronomía y Astrofísica de
esta universidad. En la actualidad
trabaja como investigadora
postdoctoral en la Universidad de
Trieste (Italia). Su labor científica
se centra en el campo de la
cosmología y, en particular, en
el estudio de la formación y la
evolución de galaxias y cúmulos
de galaxias desde un punto de
vista tanto teórico como numérico
.

ISABEL CORDERO CARRIÓN

Cursó sus estudios de
Matemáticas en las universidades
de Málaga y de Valencia, y realizó
su doctorado en el Departamento
de Astronomía y Astrofísica de la
Universitat de València. Su interés
científico se centra en el campo
de la relatividad general, más
concretamente en los agujeros
negros y la radiación de ondas
gravitatorias, desde un punto de
vista teórico y numérico.

5

TOMÀS MANUEL VILANOVA I POYANOS

Por Isabel Cordero Carrión y Susana Planelles Mira

DOS SIGLOS OBSERVANDO LA TRAYECTORIA DE URANO DESDE VALENCIA

A finales del siglo XVIII, Tomás Manuel Vilanova y Poyanos, científico multidisciplinar, fijó la trayectoria de Herschel (Urano), que había sido descubierto tan sólo cuatro años antes.

Si nos perdemos por algún edificio de investigación de una universidad cualquiera, es probable que nos demos cuenta de que la ciencia y la investigación en la actualidad están extremadamente especializadas. Hay algunos grupos de trabajo que tienen grandes colaboraciones con otros centros y las posibilidades de comunicación son casi instantáneas. A finales del siglo XVIII, sin embargo, las cosas eran muy diferentes. El carácter multidisciplinar de los estudiosos era mayoritario, podían dedicar su tiempo tanto al latín como a las matemáticas. La ausencia de la mujer en el campo de la investigación era casi completa, y su papel se veía reducido al ámbito doméstico. El trabajo era más bien individualizado y las comunicaciones se sucedían a través de manuscritos, y no se escuchaba mucho eso de "¡mándame el artículo por correo electrónico!".

En el siglo XVIII la universidad española atravesaba uno de sus peores momentos. El fuerte corporativismo de los colegios y la enorme influencia que diversas órdenes religiosas de la época ejercían sobre ella, hacían que permaneciera aferrada a tradiciones y resistente a abrirse a los nuevos conocimientos. Las ideas innovadoras que habían ido propagándose por Europa de la mano de Newton y de otros grandes pensadores no tenían cabida en nuestras universidades. Era necesaria una reforma en la estructura del Estado que propiciara una reforma universitaria. Tal reforma no fue posible hasta la llegada al trono de Carlos III. Los eruditos de quien se rodeó el monarca emprendieron una reforma universitaria a base de Decretos y Reales Órdenes, e impusieron a las universidades la reforma de sus planes y constituciones. Pero no era fácil, y algunos de estos planes innovadores se dilataron en el tiempo ante la fuerte resistencia que encontraban, e incluso no llegaron a ser aplicados en algunas.

En la Universitat de València, el plan del rector Vicente Blasco, aunque tardío, ya que fue aprobado a finales de 1786, era muy completo e introducía, entre otras materias, a la nueva astronomía newtoniana, marcando especialmente su carácter experimental. Este plan supuso el germen de la creación en Valencia del primer observatorio astronómico universitario de la España moderna, que se ubicó en el Colegio de Santo Tomás de Villanueva.

En este contexto socio-cultural de desarrolla la vida y obra de Tomás Manuel Vilanova y Poyanos (Bigastro, Vega Baja del Segura 1737 – Valencia, 1802). Nació en el seno de una familia de agricultores. Fue médico, químico y botánico, entre otras cosas. Sabía varios idiomas, sobre todo latín, griego y árabe, y sentía, además de por las letras, también curiosidad en otros campos de la ciencia, como las matemáticas y la astronomía. Se formó en la Universitat de València como médico; en 1757 comenzó sus estudios de medicina y obtuvo el grado de doctor en 1764. Hizo su particular viaje de "Erasmus" durante dos años por Europa, para recorrer Francia, Italia,

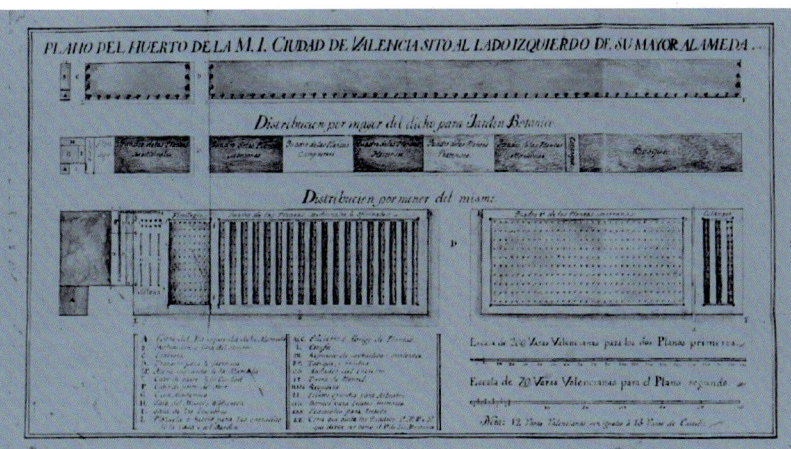

Plano del jardín de la Alameda.

Alemania y Hungría, y se centró en la botánica. Ocupó en la Universitat de València, primero, una cátedra en medicina, posteriormente otra en aforismos de Hipócrates y, finalmente, otra cátedra en química y botánica tras la profunda reforma del rector Vicente Blasco en 1788. No debía de ser mal profesor, ya que sus demostraciones de laboratorio se anunciaban en la prensa local y eran atendidas por industriales y gente de la calle en general. Posiblemente hoy en día, los que hacemos ciencia y los que seguro tienen interés en saber qué se hace en ciencia, echemos en falta una labor de divulgación y acercamiento entre el mundo de la investigación y el resto del público en general.

LA PROMOCIÓN DEL JARDÍN BOTÁNICO

Este estudioso del siglo XVIII fue un importante promotor del actual jardín botánico en Valencia. El concepto de jardín botánico se adaptó

Parthenium bipinnatifidum.

a la orientación de buscar un espacio para plantas medicinales, ensayo de nuevos cultivos y estudio de las plantas en general. En 1757 el rector Demetri Lorés propuso a la ciudad la instalación de un jardín botánico en la Alameda. La propuesta no se aceptó hasta 1778. El proyecto fue redactado por Vilanova, pero nunca se llevó a cabo, aunque la Universitat de València no olvidó su idea de instalar su jardín botánico en la Alameda.

Vilanova fue, junto con Vicent Alfons Lorente i Asensi, y Fèlix Miquel, uno de los tres catedráticos de mayor relieve de la medicina valenciana de finales de la Ilustración, además de maestro de Lorente. Como curiosidad, la importancia que llegó a tener dentro del campo de la botánica hizo que Casimiro Gómez Ortega, que por entonces era director del Real Jardín Botánico de Madrid, le dedicara el género *Villanova*. No era de extrañar que ambos botánicos se conocieran debido a la participación de Vilanova en la construcción del jardín botánico de la Universitat de València. En la actualidad, el género *Villanova* no se reconoce entre los botánicos y a la planta

Plano del Arzobispado de Valencia.

de Vilanova la llaman *Parthenium bipinnatifidum*. Cabe destacar asimismo la carta que el botánico aragonés Baltasar Manuel Boldo le dirigió a Vilanova alabando sus conocimientos.

Podemos encontrar también trabajos de Vilanova en el campo de la cartografía. En concreto, en el archivo municipal de Xàtiva se conserva un mapa del Arzobispado de Valencia, del año 1761. Es un mapa occidentalizado, con el norte a la derecha. El mapa recoge diversas circunscripciones: en trazo verde los límites del Arzobispado de Valencia, en marrón los de la antigua Gobernación de Xàtiva, en amarillo los del territorio que se pretendía desmembrar del Arzobispado de Valencia, con el fin de recuperar la antigua diócesis de época visigoda, y, finalmente, un trazo de puntos rojos, sin inscripción, que bien pudiera ser una segunda propuesta territorial, más amplia que la primera. Es merecido destacar el cuidado llevado a cabo en la realización del mapa, que formó parte de la exposición *La Luz de las Imágenes*, en Xàtiva, en el año 2007.

EL PRIMER PLANETA DESCONOCIDO POR LA ANTIGÜEDAD

Pero los motivos fundamentales de tener en cuenta a Vilanova en esta colección fueron sus aportaciones en el campo de la astronomía. Como astrónomo destacan dos aspectos importantes de sus contribuciones. En primer lugar, dedicó dos obras al planeta Herschel (Urano), *Curso del nuevo planeta Herschel, según se observará desde Valencia en el año 1786*, en 1785, y *Modo fácil de observar el planeta Herschel en su movimiento del año 1788*, en 1787. El histórico descubrimiento de este planeta se había producido tan sólo cuatro años antes de la primera de las obras de Vilanova, en 1781, por el astrónomo William Herschel. En estas obras, Vilanova fijó la trayectoria del nuevo planeta; este trabajo fue alabado por el astrónomo francés Joseph Jérôme de Lalande, mencionando la obra de Vilanova en el *Journal des Savants*, una publicación de alcance internacional. En segundo lugar, cabe destacar asimismo otros escritos importantes que fueron dedicados al estudio del calendario y de la duración de los días, como el trabajo *Tabla para saber todos los días del año a qué hora y minutos sale el Sol y se pone en Valencia*.

Urano es el séptimo planeta del sistema solar, el tercero en tamaño, y el cuarto más masivo. Aunque en la actualidad sabemos muchas cosas sobre él, Urano fue el primer planeta descubierto que no era conocido en la antigüedad, aunque sí había sido observado y confundido con una estrella en muchas ocasiones. El registro más antiguo que se encuentra de este planeta data del año 1691, cuando se le catalogó como la estrella 34 Tauri. Sin embargo, fue Sir William Herschel, un músico alemán en la corte del rey Jorge III de Inglaterra, quien descubrió el planeta el 13 de marzo de 1781. Para ello, Herschel utilizó un telescopio construido por él mismo de 18 cm de apertura. En un principio reportó que se trataba de un cometa, pero finalmente apostó por un planeta. Inicialmente le dio el nombre de Georgium Sidus (la estrella de Jorge), en honor al rey, que acababa de perder las colonias británicas en América, pero que había

Planeta Herschel (Urano).

ganado una estrella. Este nombre, no obstante, no perduró más allá de Gran Bretaña, y Lalande propuso llamarlo Herschel en honor a su descubridor. Fue el astrónomo alemán Johann Elert Bode quien propuso el nombre de Urano en honor al dios griego, padre de Cronos (cuyo equivalente romano daba nombre a Saturno). Es, de hecho, el único planeta cuyo nombre se deriva de una figura de la mitología griega (su homólogo romano es Caelus).

¿Qué motivó a Vilanova a estudiar el planeta Urano? Simple curiosidad, quizás, o la novedad del recién descubrimiento del planeta por Herschel… quién sabe. La cuestión es que, fuese cual fuese el motivo, resulta sorprendente, como investigadoras y como astrónomas aficionadas, el hecho de que algunos estudiosos del pasado, como nuestro amigo Vilanova, fueran capaces de introducir grandes progresos y avances, en el mundo de la astronomía en particular, y de la ciencia en general, teniendo a su disposición telescopios y medios artesanales, casi de juguete, en la mayoría de las ocasiones.

Es cierto que la ciencia, o mejor, el cómo y el por qué se hace ciencia, han cambiado bastante desde entonces. La astronomía no escapa a este hecho. Los telescopios manuales en los que la labor del astrónomo apuntando y enfocando al objeto en cuestión era esencial, se han reemplazado por enormes telescopios dirigidos remotamente por ordenador desde cualquier parte del mundo. Además de los telescopios ópticos, hoy en día se suman otros como los radiotelescopios o los telescopios en el infrarrojo, tanto terrestres como espaciales. Todos ellos con aspiraciones de conocer más y mejor el entorno que nos rodea, a pequeña y gran escala. Por otro lado, la típica imagen del científico resolviendo ecuaciones con papel y lápiz empieza a ser sólo eso, un estereotipo. En la actualidad, el uso de superordenadores se ha convertido en un aspecto clave para el desarrollo de casi cualquier rama de la ciencia, por ejemplo a la hora de realizar cálculos, o almacenar y visualizar grandes cantidades de datos.

A pesar de estos logros, y al contrario que otras ramas de la ciencia, la astronomía nunca pasa de moda. Ni antes ni ahora. Da buena cuenta de ello la celebración en 2009 del Año Internacional de la Astronomía. Esta celebración involucró a asociaciones de aficionados, departamentos de universidades y grandes centros e institutos de investigación en todo el mundo. En una de estas actividades, un grupo de amigos y aficionados (que formamos parte de la Asociación de Astronomía de la Universitat de València) estuvimos observando desde el telescopio del Departamento de Astronomía y Astrofísica una noche. Este telescopio es similar en diámetro al que utilizó Herschel para descubrir Urano, claro que con tecnología y óptica algo más avanzada. Es fascinante darse cuenta de que a pesar de todos los avances que ha habido, el gusto por la astronomía nunca desaparece. Poder observar con un telescopio no muy grande y asombrarse con los cráteres de la Luna, ver por primera vez cómo se distinguen los anillos de Saturno o la galaxia Andrómeda son experiencias difícilmente olvidables.

Si con los medios de hace 200 años, los eruditos de la época fueron capaces de descubrir muchos de los misterios de nuestro Universo, ¿qué serían capaces de hacer con los medios de los que se dispone en la actualidad? Y más aún, ¿qué misterios nos ofrecerá la ciencia y la astronomía en el futuro?

Este artículo sirve de ilustración de cómo funciona en la actualidad el trabajo de investigación. Para concluir, nos gustaría agradecer la colaboración desinteresada, en nuestro proceso de búsqueda de información, del personal del archivo municipal de Xàtiva, de Jaime Guemes, investigador del Jardín Botánico de Valencia, y de Víctor Navarro por las valiosas referencias aportadas.

López Piñero, J. M.; Navarro Brotons, V. *Història de la ciència al País Valencià*. València: Alfons el Magnànim: Generalitat Valenciana, 1995.

Navarro, V. *Tradició i canvi científic al País Valencià modern*. València: Tres i Quatre, 1985.

Vernet, J.; Parés, R. *La ciència en la història dels Països Catalans*. Vol. II: *Del naixement de la ciència a la Il·lustració*. València: Institut d'Estudis Catalans: Universitat de València, 2007.

PARA SABER MÁS

CUESTIONES TOMÀS MANUEL VILANOVA I POYANOS

1 En la actualidad, dedicarse a la ciencia o a la investigación es una profesión a menudo alabada, pero no reconocida o respaldada como debiera serlo. Hace 200 años durante la época de la Ilustración, ¿qué opinión tenía la sociedad sobre las y los científicos de la época? ¿Se les consideraba personas sabias o más bien personas contrarias a las creencias comúnmente aceptadas que acabarían tarde o temprano "en la hoguera"?

2 Desde el siglo XVIII, el avance experimentado en las formas y en los medios con los que se hace ciencia ha sido espectacular. Hace 200 años, ¿cómo y con qué instrumentos se vería Urano? ¿Qué utilizarías para averiguar hoy en día la posición de Urano en la esfera celeste?... ¿recurrirías a las obras de Vilanova?

3 ¿Cómo afecta el cambio tecnológico experimentado en los últimos 200 años al desarrollo de la ciencia? ¿Concibes un investigador o investigadora que trabaje sin ordenador?

4 ¿Cómo encajarían las y los astrónomos de hace dos siglos la existencia de planetas extrasolares? ¿Cuántos planetas extrasolares se han descubierto hasta ahora? Investiga sobre las técnicas usadas para realizar estos descubrimientos.

5 Comentar la importancia de la reforma introducida por el Plan Blasco en el desarrollo socio-cultural de la sociedad valenciana de la época.

6   ¿Qué tipo de telescopios se usaban en la época de Vilanova? ¿Cuál es el telescopio más grande actualmente y en qué país está? Investiga sobre el avance experimentado en los telescopios.

7   ¿Qué nivel de contaminación lumínica había hace 2 siglos? ¿Crees que hoy en día es un problema?

8   ¿Qué cosas te motivarían a mirar por un telescopio? Enumera y describe los objetos que has visto y piensa alguno de los que te gustaría ver.

9   ¿Cuándo se obtuvo una imagen de Urano por primera vez? ¿Qué misiones han conseguido imágenes de los diferentes planetas del sistema solar?

10 ¿Qué sabemos sobre el planeta Urano? ¿En qué sitio has podido encontrar esa información?

JUAN FABREGAT LLUECA

Nació en València el 11 de abril
de 1961. Es doctor en Ciencias
Físicas y catedrático de Astronomía
de la Universitat de València. Ha
publicado más de cien trabajos
de investigación en revistas y
congresos internacionales y dos
libros de texto para la enseñanza
secundaria y de bachillerato.
Es también capitán de yate y
presidente de la Comisión de
Investigación y Ciencia de la Real
Sociedad Económica de Amigos
del País de Valencia.

Gabriel Ciscar

Por Juan Fabregat Llueca

EL PROTOTIPO DEL HOMBRE ILUSTRADO QUE CREÓ UN MÉTODO GRÁFICO QUE FACILITÓ LA NAVEGACIÓN PORQUE CORREGÍA LAS DISTANCIAS DE LA LUNA A OTROS ASTROS.

ASTRÓNOMO, MATEMÁTICO, MARINO, POLÍTICO Y ESCRITOR

En su Junta Pública correspondiente al año 1797, la Real Sociedad Económica de Amigos del País de Valencia, asociación de hombres ilustrados interesados en promover la educación, la cultura y el bienestar de la sociedad, acordó nombrar socio de mérito y socio honorario al capitán de navío Don Gabriel Ciscar.

Gabriel Ciscar i Ciscar nació en Oliva, València, el 17 de marzo de 1760. Cursó sus primeros estudios en la escuela pública de Oliva, fundada por su tío Gregori Mayans i Ciscar, uno de los intelectuales que mejor representaron el espíritu ilustrado del siglo XVIII en España. Posteriormente, estudió humanidades en las escuelas Pías de Valencia, y filosofía en la Universitat de València. Como muchos otros jóvenes de la burguesía del siglo XVIII se decidió por seguir la carrera militar y a los 17 años ingresó como guardiamarina en la academia naval de Cartagena. En aquella época, las academias militares y los seminarios de nobles eran los centros más destacados en el estudio y la enseñanza de las ciencias, hasta la consolidación de las universidades ya bien entrado el siglo XIX.

Tras participar en varias campañas navales, el prestigio académico y profesional de Ciscar se consolida rápidamente. En 1783 ya es profesor de Navegación en la academia de Cartagena y en 1785 también imparte las clases de matemáticas. En 1788 es nombrado director de la Academia de Guardiamarinas de Cartagena. El ministro de Marina le encarga revisar y actualizar el libro de texto utilizado en las academias navales. En la época, dicho libro era el célebre *Examen marítimo teórico-práctico* escrito por otro insigne marino y astrónomo valenciano, Jorge Juan. Para entonces, el libro de Jorge Juan se estaba quedando anticuado, y era necesario ponerlo al día. En los años siguientes, Ciscar escribe su obra más conocida, el *Curso elemental de los estudios de marina.* Lo componían cuatro volúmenes, uno de ellos dedicado íntegramente a la Cosmografía.

MARINOS, EXPERTOS ASTRÓNOMOS

En los siglos XVIII y XIX todo marino competente debía ser además un experto astrónomo. Mucho antes, hasta el final de la Edad Media, la navegación era predominantemente costera. Los marinos conocían

Izquierda: Atlas Catalán de Abraham Cresques de 1375. Derecha: Barco británico de guerra ante el peñón de Gibraltar.

su situación y trazaban sus rumbos a partir de la identificación de los accidentes de la costa, que rara vez perdían de vista. En el año 1456, la caída de Constantinopla, y con ella la del Imperio Romano de Oriente, en manos de los turcos, marca el inicio de la Edad Moderna. Y fija también la interrupción de las rutas comerciales entre el occidente europeo y el este asiático, las famosas rutas de la seda y de las especias. En consecuencia, las potencias comerciales y marítimas del momento deben buscar rutas alternativas para mantener su actividad.

Los portugueses exploran la ruta del sur, circunvalando África y surcando el océano Índico. Los españoles, guiados por Cristóbal Colón, abren la ruta de occidente que atraviesa el Atlántico. Se inicia la navegación oceánica. Y en medio de la inmensidad del océano marino no se dispone de la ayuda de la costa para conocer su posición. Sólo cuenta con el Sol y las estrellas para establecer su situación y trazar su rumbo. Así, la navegación costera es sustituida por la navegación astronómica.

Los inicios son difíciles. Las técnicas de la época permiten la determinación bastante correcta de la latitud del buque, a partir de la medida precisa de la altura de la estrella polar sobre el horizonte, o de la altura del Sol al mediodía. Estos métodos son descritos en detalle por los pilotos de la Casa de Contratación de Sevilla, los más reputados marinos del siglo XVI a nivel internacional, con cuyos libros, traducidos a varios idiomas, aprendieron a navegar los marinos del resto de los países europeos.

Pero las técnicas para calcular la longitud en el mar aún no estaban a punto. Con una sola coordenada, la determinación de la posición era imprecisa y el trazado de la ruta, incierto. Los marinos suplían la falta de información con su experiencia e intuición, a la hora de estimar la situación del barco. Navegar era un arte, que combinaba los conocimientos científicos con la pericia y la inspiración del piloto. Lamentablemente estas no eran suficientes en muchos casos y la determinación errónea de la ubicación fue la causa de numerosos desastres, naufragios y cuantiosas pérdidas de vidas humanas.

Para conocer la longitud en alta mar es preciso comparar la hora local en el barco, con la hora del puerto de salida o con cualquier otra escala de tiempo universal. La hora local a bordo era fácil de medir, con relojes de Sol durante el día y con nocturlabios, ingeniosos instrumentos que miden la hora durante la noche la posición de las estrellas. La dificultad estaba en mantener a bordo la hora de otro sitio de referencia. Los relojes de péndulo de la época que en tierra medían el tiempo de forma muy rigurosa, no funcionaban en alta mar debido a los cambios de presión y temperatura, como también a los movimientos del barco.

EL MOVIMIENTO DE LA LUNA, RELOJ UNIVERSAL

Las potencias marítimas de la época impulsaron la construcción de grandes observatorios astronómicos, cuya finalidad principal era resolver el problema de la longitud. En Francia se creó el Observatorio de Paris y en Inglaterra el de Greenwich. En España, Jorge Juan impulsó la creación del Real Observatorio de la Marina en San Fernando, Cádiz. Se instituyeron grandes premios y recompensas para quien propusiera técnicas eficaces para la determinación de la longitud en alta mar. El propio Galileo concurrió al concurso establecido por el rey de España Felipe III y propuso una técnica basada en la determinación del tiempo universal a partir de observaciones de los eclipses y ocultaciones de los satélites de Júpiter entre sí. Pero no ganó, pues los asesores del rey estimaron con buen criterio que una observación tan delicada era imposible de realizar en alta mar debido a los movimientos del buque.

La técnica que acabó por triunfar utilizaba como reloj universal el movimiento de la Luna en el cielo. El movimiento de la Luna alrededor de la Tierra hace que esta recorra toda la bóveda celeste cada mes, la cual hace cambiar su posición entre las estrellas día a día. Si conocemos bien el movimiento de la Luna, al medir su distancia a determinadas estrellas y planetas podemos conocer el tiempo universal en ese instante. Esta técnica se conoce precisamente como el método de las "distancias lunares". Los almanaques náuticos de los siglos XVIII y XIX llevaban tablas que indicaban las distancias lunares a varias estrellas hora por hora. Midiendo la distancia en el cielo, se podía saber la hora.

La técnica de las distancias lunares resolvió definitivamente el problema de la longitud. La medida precisa de esas distancias, con nuevos instrumentos como el octante y el sextante, permitieron a los marinos conocer su posición en el mar con toda exactitud. De nuevo en palabras de Jorge Juan, la nueva técnica y los instrumentos de medida propiciaron el paso desde "el arte de navegar" de los pilotos sevillanos a la "navegación científica" de la segunda mitad del siglo XVIII.

Pero poner a punto estas técnicas no fue nada fácil. Fue un esfuerzo de más de un siglo, al que contribuyeron los mejores astrónomos y marinos de la época. Y al que contribuyó de forma relevante Gabriel Ciscar, perfeccionando la técnica con elementos de su invención. A partir de su participación en una expedición para medir de forma precisa la longitud de varios puntos de la costa de Cerdeña, Ciscar elaboró un nuevo método gráfico para corregir las distancias de la Luna a otros astros, que permitía la determinación de la longitud en alta mar con gran aproximación y rapidez. Este método original facilitó de gran manera el cálculo de las observaciones más complicadas del pilotaje astronómico.

Aunque nos parezca algo muy lejano, las técnicas de la navegación astronómica, a las que Ciscar contribuyó, han constituido la única forma de orientarse en el mar hasta hace menos de treinta años. Hoy en día se navega mediante las técnicas de posicionamiento global por satélite, el famoso GPS, cuyo uso está trascendiendo ya la navegación marítima y aérea y convirtiéndose en un instrumento casi cotidiano. Pero el GPS empezó a utilizarse a partir de la década de los ochenta del pasado siglo. Hasta entonces los marinos determinaban sus rutas y posiciones mediante la observación de los astros. Y aún hoy en día las técnicas de la navegación astronómica siguen siendo materia obligatoria en los estudios de marina mercante y deportiva. No olvidemos que el GPS es una tecnología propietaria, cuyo dueño, el gobierno de los Estados Unidos, podría decidir apagarla en caso de conflicto o catástrofe. Y si el apagón nos sorprende en medio del Pacífico, no tendremos más remedio que recurrir a nuestro sextante, cronómetro y almanaque náutico, y por supuesto a nuestros conocimientos de astronomía, para llegar a buen puerto.

LA CIENCIA EN LA POLÍTICA

Además de su importante contribución a la ciencia, Gabriel Ciscar también desempeñó una notable actividad política. Cuando en 1808 las tropas de Napoleón invadieron España, Ciscar tomó partido decididamente por el depuesto rey Fernando VII. Fue nombrado vocal de la Junta de Defensa de Murcia y se encargó de organizar la resistencia en esa región. Posteriormente también desempeñó los cargos de secretario de la Junta Central, secretario del Consejo Supremo de Guerra y Marina y gobernador militar y político de Cartagena.

En 1810, Gabriel Círcar es nombrado regente del Reino, junto a los generales Agar y Blake primero, y con el cardenal Borbón y de nuevo el general Agar a partir de 1813. Este Consejo de Regencia constituía la máxima autoridad de la España que luchaba contra el dominio napoleónico, en ausencia del rey Fernando VII retenido en Francia. Fue durante este periodo cuando las Cortes de Cádiz redactaron la Constitución de 1812, de carácter liberal, que limitaba el poder absoluto que la monarquía española detentaba hasta entonces.

Sin embargo, cuando una vez expulsadas las tropas francesas el rey Fernando regresa a España, decide suprimir el régimen constitucional, disolver las cortes, volver al régimen absolutista anterior y anular toda la obra legisladora de las Cortes de Cádiz. Al igual que muchos otros políticos y militares liberales, Ciscar es inmediatamente encarcelado, y posteriormente confinado en su ciudad natal de Oliva, donde se dedicó de nuevo a sus estudios científicos.

La vuelta del absolutismo restituyó sus antiguos privilegios a los nobles y a la Iglesia, y provocó una subida de impuestos y una reducción de los ingresos de la hacienda pública. Se produjeron varias sublevaciones militares, hasta que en 1820 la encabezada por el general Riego triunfa y obliga al rey a jurar la Constitución de 1812, a continuar las reformas que se iniciaron a partir de su promulgación y a abolir definitivamente el tribunal de la Inquisición. Ciscar es llamado para incorporarse nuevamente al gobierno, en calidad de Consejero de Estado, y además es nombrado teniente general.

LA NAVEGACIÓN ASTRONÓMICA ANTECESORES/PREMONITORES DEL GPS

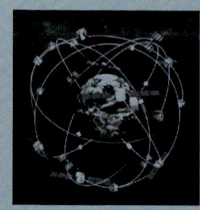

La navegación astronómica es la técnica de navegar que utiliza la observación de los astros para la determinación de la posición y el rumbo de la nave. Para conocer la posición y trazar el rumbo es necesario determinar, mediante la observación, las dos coordenadas geográficas: latitud y longitud.

Determinar la latitud geográfica es muy sencillo, y las técnicas para hacerlo se conocen desde muy antiguo. En el siglo VI antes de Cristo los marinos fenicios ya sabían que, debido a que la Tierra tiene forma esférica, al navegar en latitud se podían ver nuevas estrellas, y que variaba la altura de las mismas con respecto al horizonte marino. Sabían también determinar la latitud a partir de la altura de la estrella polar.

La medida de la longitud es mucho más difícil. Para determinarla es preciso conocer el tiempo local en el barco, y el tiempo en algún otro sitio. Medir el tiempo local a bordo es fácil, basta con un reloj de Sol. Conocer el tiempo del puerto de partida, o del meridiano de referencia, es mucho más difícil. Esto no se consiguió hasta la segunda mitad

El nuevo periodo liberal dura muy poco. Un poderoso ejército francés, respaldado por los estados absolutistas europeos, entra en España y reinstaura a Fernando VII como rey absoluto. Gabriel Ciscar es detenido y condenado a muerte. Sin embargo, logra escapar, y se refugia en Gibraltar bajo la protección del Duque

del siglo XVIII, gracias al desarrollo casi simultáneo de dos técnicas diferentes: el desarrollo de relojes precisos, denominados cronómetros náuticos y la técnica astronómica de las distancias lunares.

El primer cronómetro capaz de conservar la hora con precisión durante varios meses en alta mar fue construido y presentado por el relojero inglés John Harrison en 1759, y probado con éxito en el mar en 1761, en un viaje desde Inglaterra a Jamaica. El primer almanaque náutico con tablas precisas para determinar el tiempo universal a partir de las distancias lunares fue publicado por Tobías Mayer en 1757, y probado también con éxito por el astrónomo real inglés Nevil Maskelyne en 1761, en un viaje a la isla de Santa Elena.

A partir de estas fechas, la navegación oceánica pasó de ser un arte a una ciencia exacta, basada en los conocimientos matemáticos y astronómicos de los pilotos. Las tablas de distancias lunares dejaron de publicarse en 1907, debido a que para entonces los relojes marinos eran tan precisos que hacían innecesaria la determinación del tiempo de referencia a partir de la técnica astronómica, más compleja y que exigía un mayor esfuerzo.

Aún así, para determinar la latitud, la hora local y la posición precisa del buque las observaciones astronómicas siguieron siendo imprescindibles. Las técnicas de la navegación astronómica han continuado utilizándose hasta fines del siglo XX, cuando han sido sustituidas por el GPS.

de Wellington, el mismo que pocos años antes había infligido a Napoleón la derrota definitiva en Waterloo.

Gabriel Ciscar acaba su vida desterrado en Gibraltar. Durante sus últimos años escribe el *Poema Físico-Astronómico*, un libro de divulgación de física y astronomía, escrito en verso al estilo del *De Rerum Natura* de Lucrecio, y cuya publicación fue auspiciada por el propio Duque de Wellington.

El *Poema físico-astronómico* es un extenso compendio de los conocimientos de la época en astronomía y meteorología. Está compuesto por más de seis mil versos, divididos en siete cantos que hacer referencia a la observación de los fenómenos astronómicos, los movimientos de la Tierra, la Luna, los planetas, los cometas, las estrellas y la estructura del Universo en su conjunto. Su objetivo didáctico es una muestra clara del interés pedagógico de los hombres de la Ilustración, que están convencidos del papel fundamental de la ciencia en la renovación y la liberación de la humanidad, y en la mejora de la calidad de vida de la sociedad.

Este ideal de la Ilustración está plenamente vigente hoy en día, cuando vemos que políticos y gobernantes de escasa o nula formación cultural y científica recurren constantemente al recorte de la financiación de la enseñanza y la investigación ante cualquier revés de la situación económica. Ignoran que es precisamente la inversión en educación y en desarrollo científico y tecnológico el único medio probado para elevar el bienestar de la sociedad y consolidar su crecimiento económico a largo plazo. De esto ya eran plenamente conscientes Ciscar y los demás hombres ilustrados del siglo XVIII, y es muy de lamentar que quienes dirigen la sociedad actual desprecien de esta forma la historia y el conocimiento de sus antepasados más sabios.

El *Poema físico-astronómico* se publicó en 1828, justo un año antes de la muerte de Gabriel Ciscar en Gibraltar.

Ciscar, G. *Poema físico-astronómico*. Gibraltar: Librería Militar de Gibraltar, 1828. Edició digital lliure a http://books.google.com

Franolic, P.; Visekruna, Z. *Introducción a la navegación astronómica*. Madrid: Alianza Editorial, 1997.

Nuñez Espallargas, J. M. "Gabriel Ciscar y su Poema Físico-Astronómico". *Llull* (1985), vol. 8, p. 47-64.

Sobel, D. *Longitud*. Barcelona: Anagrama, 2006.

PARA SABER MÁS

CUESTIONES

1 Pero... ¿Qué hace Gabriel Ciscar en este libro? Si es un libro de astrónomos, y el era marino... Al joven Ciscar le interesaba la ciencia y las matemáticas. Entonces, ¿por qué se hizo militar, en vez de ir a estudiar a la universidad?

2 ¿Cuál fue la contribución más importante de Ciscar a la astronomía?

3 ¿Qué es la Ilustración? ¿Cuáles eran los ideales ilustrados del siglo XVIII? ¿Crees que los ideales de la Ilustración siguen vigentes? ¿A qué llamaríamos una persona ilustrada en el siglo XXI?

4 La invasión francesa de 1808 quiso establecer en España un sistema político liberal, mucho más moderno y eficiente que la rancia monarquía de Fernando VII. Sin embargo, incluso la gente ilustrada como Ciscar se puso en contra del invasor. Aunque el nuevo sistema fuese mejor, el pueblo no lo admitió porque venía impuesto por la fuerza por una potencia extranjera. ¿Podrías citar algún ejemplo actual en que se haya producido, o se esté produciendo, un caso similar? ¿Se te ocurre alguna potencia moderna que trata de establecer su sistema, más justo y avanzado, en otros países, y que fracasa rotundamente porque el pueblo invadido no acepta un sistema impuesto por la fuerza por un ejército extranjero?

5 ¿Cómo sabían los antiguos que la Tierra era una esfera? ¿Se te ocurre alguna observación astronómica que pueda demostrarlo?

6 ¿Por qué pensaba Colón que navegando hacia occidente llegaría a China? De no haber estado América por en medio, su expedición habría desaparecido en el océano. ¿En qué se equivocaba Colón?

7 ¿Por qué los marinos de los siglos XVI y XVII no podían utilizar eficazmente las técnicas de la navegación astronómica?

8 ¿Cómo determinarías tus coordenadas –latitud y longitud- en una isla desierta? ¿Qué instrumentos te harían falta?

9 ¿Qué es un reloj universal? El movimiento de la Luna en el cielo nos sirve de reloj universal. ¿Se te ocurre algún otro?

10 Hoy en día los navegantes utilizan el GPS para orientarse y establecer si posición. ¿Crees que es necesario que sepan también las técnicas de la navegación astronómica? Si es así, ¿por qué?

JULIA SUSO LÓPEZ

Julia Suso es doctora en
Matemáticas por la Universitat de
València, Jefa de Instrumentación
del Observatori Astronòmic y
profesora del Departamento de
Economía Financiera y Actuarial.
Actualmente trabaja en el
estudio de la naturaleza y de los
parámetros físicos de las estrellas
Be y de las binarias transitorias de
rayos-X. También trabaja con las
misiones espaciales CoRoT (CNES/
ESA) y KEPLER (NASA) dedicadas
a la astrosismologia y a la
búsqueda de planetas extrasolares.
Ha realizado observaciones
astronómicas en los principales
observatorios astronómicos
alrededor del mundo.

FAUST VALLÉS I VEGA

POR JULIA SUSO LÓPEZ

LA HISTORIA DE UN ARISTÓCRATA VALENCIANO QUE SE INTERESÓ POR LA ASTRONOMÍA Y PARTICIPÓ EN EL SIGLO XVIII, SIGLO DE LA ILUSTRACIÓN, EN UNA EXPEDICIÓN CIENTÍFICA INTERNACIONAL ENCARGADA DE LA MEDICIÓN DEL MERIDIANO TERRESTRE. A PARTIR DE ELLA SE DEFINIÓ UN NUEVO PATRÓN DE LONGITUD: EL METRO.

LA AVENTURA DE DEFINIR EL METRO

Para todos nosotros, hoy en día es muy fácil el acto de tomar una medida. Cuando medimos longitudes utilizamos el metro y sus divisores y múltiplos. Por la familiaridad con la que trabajamos con estas unidades nos da la impresión de que han existido siempre. Pero hasta hace poco más de 200 años la palabra *metro* no tenía ningún significado y en los sistemas de medida tanto cotidianos como científicos, agrarios y comerciales, reinaba el caos.

Los problemas con las medidas surgían de la diversidad de patrones. Podían ser patrones con diferentes nombres (vara, alna, pértiga, mesa, cana, mina, etc.) o incluso con el mismo nombre, pero diferentes medidas según las regiones. Así por ejemplo, en Valencia se utilizaba la vara valenciana, cuya medida coincidía con la vara toledana, pero no coincidía con la vara de Aragón, la de Burgos o la de Santiago. También se utilizaban unidades de medida ya utilizadas por los egipcios y basadas en las dimensiones del cuerpo humano como el pulgar, el pie, la palma o el codo real. Esta proliferación de sistemas de medición distintos, que dependían del país, de la región, de la ciudad, de los oficios, del objeto a medir o de cosas tan variables y fortuitas como el tamaño del pulgar del que mide o del tamaño del codo del rey de turno, suponía una de las causas más frecuentes de abusos, escándalos y disputas entre los mercaderes, los ciudadanos y los funcionarios del fisco. Sólo en Francia, se llegaron a catalogar 250.000 unidades de medida diferentes, que se recogían bajo 800 nombres distintos. A medida que se extendía por Europa el intercambio de mercancías, los poderes políticos vieron la necesidad de normalizar un sistema de medidas.

La historia de la determinación de este patrón de medida es tan compleja como apasionante y una parte importante de ella ocurrió en tierras valencianas con la participación de Faust Vallés i Vega, un aristócrata y astrónomo valenciano, que se integró en la expedición científica internacional encargada de la definición de esta nueva unidad de medida universal.

Faust Vallés i Vega nació en Castellón de la Plana el 20 de octubre de 1762 y murió en València el 31 de octubre de 1827. Era el hijo primogénito de la familia, por lo que al morir su padre, se convirtió en el XII barón de la Pobla Tornesa, con sólo 9 años de edad.

A los 16 años, él y su hermano pequeño también se quedaron huérfanos de madre y tras cambios sucesivos de tutela pasaron, en 1790, a estar al cargo de su tío Jon Baptista Vallés, hombre ilustrado, que se hace cargo de la situación familiar y de la administración de los bienes y que, afortunadamente, también se preocupó por la educación de sus pupilos.

No se tienen datos sobre los estudios de Faust Vallés ni de actividad científica alguna, hasta que sorprendentemente y a la edad de 35 años se matricula en la Universitat de València en una única asignatura de Química y Botánica, impartida por el afamado astrónomo Tomàs Manuel de Vilanova. Este encuentro debió ser significativo para Faust Vallés, ya que desde ese momento la astronomía pasó a convertirse en la ciencia predilecta del barón.

La figura de Faust Vallés destaca no solo por su posición privilegiada y su patrimonio, sino especialmente por su obra científica. Vallés aparece como un hombre culto e ilustrado, de formación prácticamente autodidacta, amante de las letras y las ciencias y particularmente apasionado por la astronomía. Por la excelente biblioteca que consiguió reunir (constaba de 121 títulos y 650 volúmenes) y por su gabinete de instrumentos, sabemos de su inclinación a la física experimental, la química, la botánica, la historia natural, la geografía, las matemáticas y la astronomía. Entre los instrumentos de su colección se encontraban desde una máquina neumática a un microscopio solar, un higrómetro, un barómetro, un circulo repetidor de Borda (ver figura en página 103), un sextante, una brújula, dos pares de anteojos, dos binoculares y tres relojes. Así como un pequeño observatorio astronómico de aficionado, pero extraordinario en su composición y calidad. También disponía de un herbario y una buena colección de minerales y fósiles.

La obras publicadas por Vallés son todas de temas astronómicos e incluyen un trabajo sobre el pequeño planeta Ceres descubierto en 1801, una comunicación sobre el eclipse de Sol de 1803 publicada en las Actas de la Real Sociedad Económica de Amigos del País de Valencia (RSEAP), la previsión del eclipse de Sol de 1804 (*Diario de Valencia*, 27 de enero de 1804), diversas observaciones de ocultaciones de estrellas publicadas en la revista *Variedades de Ciencia, Arte y Literatura* y una nota necrológica sobre el astrónomo francés Pierre Méchain aparecida en la *Monatliche Correspondez* del barón de Zach. Dejó además toda una serie de cuadernos manuscritos con rigurosos trabajos de observación astronómica y cálculos de efemérides. De dichas publicaciones se puede constatar la meticulosidad, la constancia y la exactitud de sus operaciones matemáticas y de sus técnicas de observación astronómicas, que le supusieron el reconocimiento de la comunidad científica de la época, como la RSEAP o la confianza puesta en él por el astrónomo Pierre Méchain, jefe de la expedición encargada de definir el nuevo patrón de medida.

PERO, ¿CUÁNTO MIDE UN METRO?

Nos remontarnos a la época de la Revolución Francesa, porque sólo una revolución basada en principios como igualdad, libertad, fraternidad y con un espíritu universalista y científico, podía cambiar el insufrible y caótico sistema de medidas establecido por el viejo orden feudal. Los revolucionarios buscaban un mecanismo de definición de la nueva unidad de medida que fuera universal, fundado en la naturaleza y que pudiera ser aceptado por todas las naciones. Y lo encontraron en la Tierra, el planeta habitado por todos los humanos y que no pertenece a ningún individuo en particular. La Academia de Ciencias de París propone en marzo de 1791 definir la unidad de distancia del nuevo sistema, como la diezmillonésima parte del cuadrante de un meridiano terrestre. La nueva unidad llevaría el nombre de metro (del griego *métron*, medida).

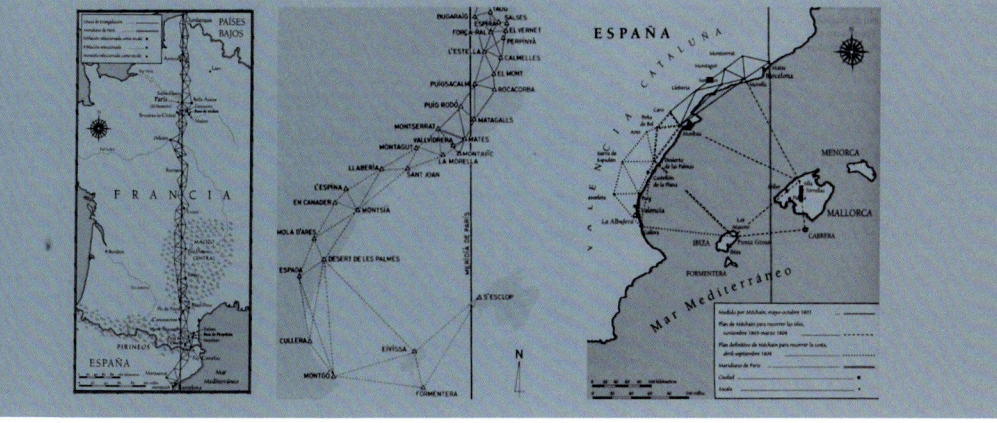

Izquierda: Triangulación del meridiano desde Dunkerque a Barcelona. Derecha: Triangulación del meridiano desde Barcelona a Baleares.

Ante la imposibilidad de medir con precisión todo un cuarto de meridiano, desde el polo norte al ecuador, la solución era medir un trozo del mismo y calcular matemáticamente el valor del total. El arco de meridiano elegido en la propuesta de la academia, fue el comprendido entre Dunkerque, junto al mar del Norte en Francia, hasta Barcelona en España. Aunque había razones científicas para situar Barcelona como extremo inferior del arco, la razón oculta de la propuesta era contar con la colaboración del Reino de España, importante en el concierto europeo a falta de Inglaterra, y de esta forma internacionalizar la nueva medida, que ya no sólo sería francesa.

El 19 de junio de 1791 un comité de matemáticos, geógrafos y astrónomos se reunieron con el rey Luis XVI, (un rey que tras la revolución, gobernaba sin autoridad y bajo la vigilancia del pueblo) quien aprobó finalmente el proyecto y dio la orden de que se llevaran a cabo las mediciones necesarias para determinar el tamaño del metro. Dos astrónomos franceses Jean Baptiste Delambre y Pierre Méchain fueron los encargados de llevar a término la medición del arco de meridiano. Por la parte española el rey de España Carlos IV asigna como comisonado de la expedición a Josep Chaix, astrónomo y matemático valenciano y vicedirector del Observatorio de Madrid.

La técnica que utilizaron fue la de la triangulación geodésica (ver cuadro). Los trabajos duraron más de seis años debido a la complicación de las mediciones y problemas geodésicos, ya que se midieron más de 100 triángulos, que formaban una cadena ininterrumpida entre Dunkerque y Barcelona (ver figura en página anterior), y a los vientos de guerra entre España y Francia tras la muerte en la guillotina de Luis XVI.

Tras las mediciones y después de varios meses de largos cálculos, una ley del 10 de diciembre de 1799 firmada por el primer cónsul, Napoleón Bonaparte, establecía la nueva unidad de longitud, el metro, así como los nuevos patrones de capacidad, el litro y de peso, el kilogramo, con el siguiente lema "Para todos los pueblos y todos los tiempos".

No obstante, no se dieron por cerradas las mediciones y en 1802 Méchain propone continuar las mediciones geodésicas desde Barcelona hasta las islas Baleares (ver figura en página anterior). Este viaje resultó muy complicado por muchos motivos, como la falta de permisos para realizar las mediciones o los barcos desviados y sometidos a cuarentena. El mismo Josep Chaix, su colaborador español, abandonó la misión, cansado y reclamado por asuntos en Madrid.

En agosto de 1803, Méchain esperaba, cerca de Tortosa, su partida hacia las Baleares, espera que aprovechó para observar el eclipse de Sol producido el día 17. Faust Vallés atento observador también del eclipse y sabedor de la estancia del astrónomo francés en España, se puso en contacto con él para contrastar sus datos.

Derecha: Círculo repetidor de Borda. Instrumento utilizado por Méchain y Delambre en la medición de los ángulos.

Posiblemente fue esta colaboración la que estableció las bases de la relación entre los dos astrónomos, ya que a partir de este momento se puede encontrar en las cartas de Méchain a sus colaboradores referencias a las excelentes aptitudes astronómicas del barón y a su interés por integrase en los trabajos de medición del meridiano.

Faust Vallés se incorpora desde ese momento en los trabajos en curso y recorre con Méchain una de sus propiedades, el macizo del Desierto de las Palmas, y los picos más altos entre Castellón de la Plana y València, en busca de lugares desde donde pudieran divisarse puntos definidos de las Baleares. Divisan cumbres en Ibiza y también en Mallorca, Cabrera y en la misma península en Cullera y San Antonio, y con estos datos confirmaron la posibilidad de enlazar las islas y el continente con grandes triángulos. Méchain también aprovechó para descansar en las casas solariegas del barón en la Pobla Tornesa y en Castellón de la Plana y juntos realizaron mediciones astronómicas, como la determinación de la latitud de la torre de la catedral de València (el Miquelet). Vallés

TRIANGULACIÓN GEODÉSICA

Fue la técnica empleada para la medición del meridiano. Se basa en una relación trigonométrica muy sencilla sobre un papel: si se conocen dos ángulos de un triángulo y uno de sus lados, se puede calcular la medida de los otros dos lados.

Para realizar este procedimiento había que trazar una cadena de triángulos, cuyos vértices debían ser picos de montañas o puntos elevados, como torres y campanarios, para que pudieran verse entre sí. Estos vértices debían además formar una malla a lo largo del meridiano. Una vez elegidos los vértices de los triángulos, había que subir a las cimas y medir desde ellas los ángulos que formaban las cimas vecinas. Para también participó en la definición de los triángulos Valencia, Casueleta (probablemente, el Alto de la Cazoleta, Chiva), el Puig, Sierra de Espadán y Cullera (ver figura en página 101).

Durante uno de los viajes y debido a unas condiciones pésimas de vida, Méchain cayó enfermo de paludismo y tuvo que ser trasladado a la casa del barón de la Pobla, donde murió acompañado de este, en 1804. Una de las glorias de la astronomía francesa está enterrada en el cementerio de Castellón de la Plana. Un viaje científico, convertido en impresionante y desgraciada aventura, que Méchain no pudo terminar. El mismo barón escribió, en 1805, una necrológica publicada en una revista alemana, como un testimonio de pena y amistad. El astrónomo valenciano Josep Chaix volvió a retomar las mediciones después de la muerte de Méchain.

El último trabajo de observación o cálculo astronómico de Faust Vallés del que se tiene constancia, es una observación de un eclipse de Sol

realizar todas las mediciones de los ángulos se utilizó un instrumento llamado círculo repetidor que el astrónomo Borda acababa de inventar. También había que medir cuidadosamente la longitud de uno de los lados, que se llamaría *lado base*, y para ello utilizaron el patrón más perfecto que existía en Francia, la llamada "toesa de la academia". A partir del *lado base* y de todos los ángulos medidos, se calculan los datos del resto de triángulos apoyándose unos en otros. Había que realizar también diversas correcciones para situar los vértices de los triángulos a la altura del nivel del mar y había que conocer las latitudes de los puntos extremos del arco de meridiano medido. Estas latitudes se determinaban mediante observaciones astronómicas. Con todos estos datos y tras muchos cálculos, se podían deducir las dimensiones del meridiano que atravesaba la red anteriormente delimitada.

ocurrido el 16 de junio de 1806. A partir de ese momento no queda constancia de actividad científica alguna, ni de compras de libros científicos o de nuevos instrumentos, aunque se sabe que compró libros para la educación de sus hijos e incluso contrató los servicios de un profesor de matemáticas.

Desgraciadamente, después de la muerte del barón y debido a la mala situación económica y al desinterés de sus hijos, se perdió gran parte del legado que Faust Vallés, como buen astrónomo, había reunido en su palacio de Castellón de la Plana. Sus herederos dispersaron y malvendieron gran parte de la biblioteca y del instrumental científico e incluso algunos de los libros de su colección fueron vendidos al peso *"diez y seis arrobas de libros viejos a 8 libras la arroba"* por lo que nunca sabremos nada de ellos.

Pero aunque sus herederos no supieron conservar su legado científico, las medidas, observaciones y escritos realizados por Faust Vallés, ayudaron a que uno de los proyectos científicos más importantes y ambiciosos del siglo XVIII pudiera hacerse realidad. Quizás sea este el mejor reconocimiento que podemos hacerle y la mejor forma de recuperar la figura de este astrónomo valenciano.

Hoy en día, más de 200 años después de esta aventura, los astrónomos trabajamos en proyectos que, debido al enorme coste tanto humano como técnico, necesitan la colaboración, el trabajo conjunto y la financiación de varios países. Los satélites astronómicos o los grandes telescopios terrestres y su instrumentación son proyectos que solo pueden realizarse bajo el amparo de grandes agencias espaciales, como la ESA o la NASA o incluso con la colaboración de varias agencias a nivel mundial, como es el caso de la Estación Espacial Internacional. Pero estos astrónomos de finales de siglo XVIII nos enseñaron cómo llevar a cabo con éxito una gran empresa de colaboración científica internacional, a pesar de no estar habituados al trabajo científico colectivo y de no disponer de los medios de comunicación ni de los avances tecnológicos actuales.

La definición del sistema métrico decimal no sólo supuso un avance de la astronomía y de la ciencia o fue un ejemplo notable de colaboración científica entre varios países, sino que además, sin el metro como unidad de medida universal no se habría permitido el crecimiento del comercio mundial y quién sabe si hoy en día podríamos hablar de globalización tal y como lo hacemos.

ALDER, K. *La medida de todas las cosas*. Madrid: Taurus, 2003.

GIMENO SANFELIU, M. J. "Fausto Vallés i la seua aportació a la mesura del meridià terrestre". *Butlletí de la Societat Castellonenca de Cultura* (2005), n. 81, 3-4, p. 611-627.

LÓPEZ PIÑERO, J. M. et al. *La actividad científica valenciana de la Ilustración*. Valencia: Diputació de València, 1998.

NAVARRO, V.; PUIG PLA, C. «Contribucions al procés de modernització científica: físics, astrònoms i matemàtics». *XXI International Congress of History of Science* (2001), Mexico.

TEN, A. E. «La obra científica del astrónomo Fausto Vallés y Vega, Barón de la Puebla», *Revista de Historia Moderna* (1984), n. 11, p. 143-161.

PARA SABER MÁS

CUESTIONES

1 ¿Cuáles crees que eran las razones para proponer la unificación de un sistema métrico?

2 Aparte de las nombradas en el texto ¿Conoces alguna otra unidad de medida de longitud utilizada antiguamente? Puedes preguntar a tus padres y abuelos.

3 Busca información sobre el contexto socio-histórico español de la época en la que se hizo la propuesta de unificación.

4 ¿Qué nombre tenían los astrónomos encargados de la medida del arco de meridiano?

5 ¿De qué forma colaboró Faust Vallés en las mediciones? ¿Qué otro astrónomo valenciano colaboró en la expedicion?

6 Averigua qué otros instrumentos se utilizan para medir ángulos astronómicos o geodésicos, aparte del círculo repetidor de Borda.

7 Localiza en el mapa la situación geográfica de Dunkerque, Barcelona y Cullera y apunta sus coordenadas geográficas (longitud y latitud de cada una de ellas).

8 Busca información y explica el método de triangulación. ¿Se sigue utilizando hoy en día?

9 ¿Sabes cuál es la definición actual de la unidad patrón el *metro*? ¿Por qué se cambió la definición? ¿Desde qué año está en vigor?

10 Busca información sobre algún proyecto astronómico actual en el que participen Francia y España.

ENRIC MARCO SOLER

Nació en Montmorency, Francia
(1958). Estudió Físicas en la
Universitat de València donde se
doctoró en 1995. Ha realizado
largas estancias en el Instituto de
Astrofísica de Canarias (IAC) en La
Laguna (Tenerife) y en el Kiepenheuer
Institut für Sonnenphysik (Instituto
Kiepenheuer de Física Solar) en
Freiburg (Alemania). Su campo
de investigación, el estudio de
las regiones activas solares, le ha
llevado a realizar observaciones
en el Observatorio del Teide y a
trabajar con de la sonda SOHO
y el instrumento IMaX de la
misión SUNRISE. Es técnico del
Departamento de Astronomía y
Astrofísica y responsable del Aula
de Astronomía de la Universitat
de València. Es coautor del libro
Astronomia fonamental. Mantiene
el blog de Internet *Pols d'estels*, de
divulgación de la astronomía.

Josep Joaquim Landerer i Climent

POR ENRIC MARCO SOLER

LA CIENCIA, BIEN CONECTADA, HECHA DESDE CASA

Poco a poco se acercaban las 11 de la mañana, el momento previsto para el inicio de la anularidad. La gente comenzaba a situarse en las terrazas del Aula de Astronomía y en las otras terrazas del edificio de investigación Jerónimo Muñoz, así como también en las zonas ajardinadas. En el instante en que la Luna entró totalmente en el interior del disco solar, dejando un anillo de luz en el cielo, un profundo silencio se apoderó de todos, sólo interrumpido segundos después por los aplausos y por algunas expresiones de grata sorpresa que se oyeron por todas partes del Campus de Burjassot de la Universitat de València. El cielo tenía en esos momentos una luminosidad tenue y extraña, que ninguno de nosotros había experimentado nunca.

ocupaciones Una vez pasado el momento de la anularidad, la gente fue volviendo a sus ocupaciones cotidianas. Pero, eso sí, todos con unas caras llenas de alegría por haber podido disfrutar del eclipse anular del 3 de octubre de 2005.

Este eclipse dejó una imagen imborrable en mi. Un fenómeno de la naturaleza que sucedió a la hora precisa, tal y como habían dicho las previsiones de Fred Espenak, científico de la NASA que ofrece, a unos pocos clics de ratón, los datos de todos los eclipses del mundo.

Seguramente 100 años atrás, ¡todo habría sido muy diferente! En 1905, la banda de totalidad de un eclipse, esta vez total, había cruzado también la península Ibérica y había sido observado por toda una pléyade de astrónomos europeos y norteamericanos en Alcossebre, Alcalà de Xivert y en las Columbretes.

Pero ¿quién animó a estos sabios a visitar las tierras valencianas y quién los hizo considerar las bondades del clima valenciano para estudiar la conjunción de los dos astros más brillantes del cielo? Pues, precisamente, Don Josep Joaquim Landerer i Climent, científico valenciano, geólogo y astrónomo autodidacta. Él fue el responsable del hecho que todo eso fuera posible.

* * *

El anciano miraba por la ventana mientras trataba de poner orden a sus pensamientos. Se había permitido una pausa después de haber estado haciendo unos cálculos y observaba los árboles del jardín. Debería llamar a alguien para que los podara, pensaba. Al instante, continuó escribiendo ecuaciones diferenciales en el mismo muro de la estancia, algo que hacía con frecuencia. La mujer no se cansaba de decirle que escribiera sólo en la hoja de papel, cuando veía alguna expresión matemática en las paredes o en su revista de moda, recién llegada de París. Pero él ni caso.

El chalet donde vivía el viejo Josep Joaquim Landerer se encontraba en Jesús, una pedanía de Tortosa, en el Baix Ebre. Aquel lugar, al largo de su vida, había resultado muy adecuado para las investigaciones científicas, tanto las astronómicas como las geológicas. Pero él realmente era de la ciudad de Valencia donde había nacido ya hacía ochenta años, en 1841, en el seno de una familia acomodada. Su padre, Ricard, suizo de origen y militar de profesión y su madre, Vicenta, valenciana, le habían dado una buena educación. El joven Joaquim llegó a cursar el bachillerato en ciencias en su ciudad natal. En aquellos años sólo Madrid ofrecía carreras científicas y la universidad sufría una gran rigidez y un bajo nivel. Estos hechos lo estimularon a viajar hacia París, donde soplaban aires de modernidad. Allí hizo grandes amigos entre los científicos franceses como el valeroso Jules Janssen, director del Observatorio de Paris-Meudon y, sobre todo, con el principal divulgador de la ciencia francesa, el excéntrico Camille Flammarion.

Ahora, mientras miraba las montañas del macizo de Els Ports, Josep Joaquim Landerer recordaba las veces que había caminado por ellas así como también las tierras de la Tinença de Benifassà en su vertiente sur. Entonces era joven y las piernas no le flojeaban. Hacía poco que se había casado con Dolores. Por ella se había establecido definitivamente en Tortosa. El día de su boda se le hizo muy presente. Aquel día tan caluroso de la Virgen de Agosto de 1867 la capilla privada de la residencia familiar de Manuel de Córdoba, su suegro, situada detrás de la catedral tortosina, estaba bien adornada para la ocasión.

Este casamiento le fue bien positivo, tanto a nivel económico —pues añadió a las propias rentas las de su mujer, en una época en que la administración de las haciendas era una actividad puramente masculina—, como en el científico, ya que sus primeros trabajos fueron en el ámbito de la geología de aplicación agraria, concretamente el trazado de un mapa geológico de las fincas del suegro en la Tinença de Benifassà, en el Baix Maestrat. Este fue el primer mapa de tierras publicado en España y elogiado por todo el mundo.

Antes de los 40 años, sin embargo, había dejado de recorrer montañas y llanos y se concentraba en actividades más tranquilas. Las ciencias físicas siempre le habían interesado, especialmente la astronomía. Esta había sido de hecho su primera afición. Aún conservaba su primer telescopio de 50 mm de abertura. Con él observó su primer eclipse de Sol. Y ya había observado algunos otros, y de todos había adquirido conocimiento. Bien joven, un 18 de julio de 1860 en el Desert de les Palmes de Castelló había coincidido con el médico Josep Monserrat i Riutort y con el astrónomo italiano Angelo Secchi, director del Observatorio del Colegio Romano, que pretendían fotografiar las protuberancias solares durante la fase de totalidad. En aquella época ¡se sabía tan poco del Sol! Ni siquiera se tenía claro que la corona y las protuberancias formaran parte de la atmósfera solar y se pensaba que eran sólo fenómenos atmosféricos terrestres. Situados ambos en dos estaciones diferentes en el Desert de les Palmes de Castelló, sólo Monserrat consiguió 5 fotografías válidas que demostraban la procedencia solar de las protuberancias y, según Secchi "resultan de un valor incalculable para la ciencia". No obstante, con el paso del tiempo, su nombre fue olvidado y las fotografías fueron atribuidas a Secchi.

Landerer volvió a su mesa de trabajo para acabar los cálculos del próximo eclipse. Le gustaba descubrir el movimiento de los objetos celestes con su propio lenguaje, las matemáticas. También, como Galileo, reconocía que la naturaleza hablaba con las matemáticas y sólo era necesario conocer su lenguaje. La astronomía había hecho un cambio drástico durante su larga vida. Había pasado de ser una ciencia puramente descriptiva y mecanicista, dedicada a estudiar sobre todo la posición y el movimiento de los astros, a ser una ciencia experimental por el aprovechamiento de nuevas tecnologías usadas en los laboratorios de física como la fotografía y la espectroscopía.

Izquierda: Josep Joaquim Landerer con su telescopio ecuatorial L'AMATEUR que aún se conserva en el pabellón astronómico del Observatori de l'Ebre (cortesía del Observatori de l'Ebre). Derecha: Josep Joaquim Landerer en el año 1900. "Después del eclipse". *La Ilustración Española y Americana* (15 de junio de 1900), n. 22, p. 351.

Eso implicaba el uso de técnicas y de instrumentos a los que J. Joaquim ya se había habituado. Además siempre había contado con la ayuda de buenos técnicos como, por ejemplo, Innocent Paulí.

Ahora ya no podía pasarse horas de observación tras el ocular de un telescopio. Había pasado incontables horas viendo como se movían los satélites de Júpiter. Hacía muchos años que había establecido métodos geométricos para predecir la posición de sus sombras sobre las nubes jovianas. Contrastó las observaciones con la teoría matemática desarrollada por su amigo el astrónomo francés Cyrille-Joseph Souillart. Y el movimiento de la Gran Mancha Roja le permitió determinar la rotación del planeta con una precisión que tardaría muchos años en superarse.

Todo le interesaba. Recordaba como estuvo obsesionado durante un tiempo por estudiar el movimiento de los satélites de Marte cuando acababan de ser descubiertos por el americano Asaph Hall en 1877. Por aquella misma época se dedicó también a averiguar la posible existencia de un planeta dentro de la órbita de Mercurio. El planeta Mercurio presenta unas anomalías en la órbita que podrían haber sido explicadas por la presencia de un planeta desconocido, el llamado planeta Vulcano. La búsqueda de este cuerpo había llevado de cabeza a los astrónomos durante muchos años. La dificultad era enorme ya que tenía que mirar muy cerca del Sol y además se pensaba que era muy pequeño. Ahora Landerer sabía que la explicación a este comportamiento

EL ESTUDIO DE LA TIERRA Y LA EVOLUCIÓN DE LAS ESPECIES

La modernización de la agricultura implicaba un conocimiento científico de las tierras de cultivo. Desde la agrupación de grandes propietarios agrícolas, el Institut Agrícola Català de Sant Isidre, Josep Joaquim Landerer organizó los primeros trabajos de campo en las comarcas del Maestrat y en las Terres de l'Ebre. Y así fue como durante unos cuantos años (1871-1878) fue recorriendo gran parte del Maestrat para recoger muestras de rocas y alzar planos geológicos y paleontológicos. Cuando tenía 38 años, abandonó sus largos paseos en busca de rocas y se dedicó a hacer una investigación más tranquila en el laboratorio-gabinete geológico que había montado en Tortosa. El interés por esta materia estaba dirigido a la mejora de la agricultura y a la aplicación de modernos métodos de producción. Este gabinete también recibía peticiones de instituciones públicas y privadas, como lo demuestra el estudio que hizo para llevar agua potable a la Sénia.

El estudio de la geología lo llevó inevitablemente a preguntarse por la historia de la Tierra y por el origen de las especies. La teoría transformista y, en concreto, la evolución de las especies, expuesta por Charles Darwin extraño había que buscarlo en la teoría de la Relatividad General que hacía pocos años había desarrollado el sabio alemán Albert Einstein.

El cuarto creciente lunar colgado sobre el macizo de Els Ports le hizo recordar el día que determinó que el basalto era el mineral dominante en su superficie. Analizando la luz solar reflejada por las zonas oscuras lunares calculó su ángulo de polarización que resultó ser muy similar al del basalto terrestre.

Todos estos y otros estudios rigurosos le habían aportado el respeto y la amistad de los astrónomos más importantes de Europa. El más conocido, Camille Flammarion, era el divulgador de la astronomia en Francia y

sólo unos años antes (1859), era ampliamente rechazada por los sectores más conservadores y religiosos ya que entraba en conflicto con la lectura literal de la Biblia. Landerer, que siempre trató de conciliar la creencia en la creación divina con el progreso de la ciencia, se mostró claramente creacionista para explicar el origen de las especies en sus primeros trabajos, y adoptó una teoría catastrofista, como las epidemias, para justificar sus extinciones. Sin embargo, unos años más tarde adoptó parcialmente las ideas transformistas en el sentido de que la aparición de unas especies, llamadas representativas, se originan por transformación de otras precedentes; mientras que las especies llamadas típicas serían creadas directamente por Dios. Esta postura ecléctica, con ligeras variaciones, sería la que mantendría a lo largo de su vida.

Su profunda religiosidad así como la amistad de Jaume Almela, canónigo y director del Museu de Geologia del Seminari de Barcelona y de Joan Vilanova, valenciano, catedrático de Geología y Paleontología de la Universidad Central de Madrid, presidente de la Sociedad Española de Historia Natural y antitransformista claro, influyeron en su toma de posición. Sin embargo, la Sociedad Geológica de Francia, de la cual era miembro, se posicionó desde los inicios claramente a favor del evolucionismo. Gustave Dolfus, miembro de la entidad y amigo personal de Landerer, era un evolucionista convencido.

director de la revista *L'Astronomie*, donde Landerer había publicado muchos de sus trabajos. Jules Janssen, director del Observatorio de Paris-Meudon, con muchas dificultades para desplazarse por un accidente de juventud, fue uno de sus grandes amigos; de la misma manera que el almirante Juan Bautista Viniegra, director del Observatorio de la Marina en San Fernando.

Pero donde arriesgó más fue en la preparación y estudio del eclipse que se produjo el 28 de mayo de 1900. Josep Joaquim Landerer no sólo participó en su observación, sino que con anterioridad y durante 5 años de trabajo, calculó la zona geográfica donde se haría completamente de noche, llamada franja de totalidad, y a partir de los datos meteorológicos que había ido recogiendo a lo largo de aquel tiempo, recomendó lugares de observación y organizó la estancia de los científicos extranjeros en los diversos lugares elegidos.

Propuso Elx y Santa Pola como los mejores lugares para ver el acontecimiento y la propuesta fue aceptada por las comisiones científicas europeas y españolas. Los ingleses y escoceses se situaron en Santa Pola, mientras que las otras delegaciones, la Vaticana, la del Observatorio de San Fernando, la del Observatorio de París, la de la Universidad de Montpellier y Toulouse, etc., y personalidades como Josep Comas i Solà, Camille Flammarion o el escritor y director de *Las Provincias*, Teodoro Llorente, eligieron Elx.

Se acordaba perfectamente de sus preocupaciones durante aquellos días previos al día señalado, porque estuvieron nublados. Pero la puesta de Sol del día 27 ya vaticinaba que el eclipse sería observado sin problemas.

Josep Landerer recordaba también la amabilidad de los habitantes de la finca El Toscar, en las afueras de Elx. Allí situó sus instrumentos ayudado por dos médicos del pueblo aficionados a la astronomía, Alfredo Llopis Castelado y Santiago Pomares Ibarra. El conde de la Baume Pluvinel, que venia con Flammarion, y que se situó en una finca próxima, fue el encargado de disparar el cañón en el momento de producirse el primer contacto del disco lunar con el disco solar.

Landerer se dedicó a medir la proporción de luz polarizada en la corona durante el minuto y 19 segundos de tiempo de la totalidad. La observación del eclipse fue un éxito total. Todos estaban muy contentos. Sus méritos fueron reconocidos por la reina regente María Cristina de Habsburgo-Lorena que le concedió la Gran Cruz del Mérito Naval. Al año siguiente, la Sociedad Astronómica de Francia le concedió el premio Janssen como reconocimiento "por sus estudios sobre la polarización de la corona solar durante el eclipse del mayo pasado, sus observaciones y cálculos sobre los satélites de Júpiter, sus observaciones de Júpiter, de las manchas solares, de los eclipses de Luna, etc.".

Los premios lo estimularon a trabajar más. Calculó las condiciones de visibilidad de los eclipses de 1905 y 1912 que fueron observados en las comarcas del norte del País Valenciano y el noroeste peninsular respectivamente. También en estos casos numerosas delegaciones internacionales observaron el fenómeno.

La sociedad había ido cambiando a lo largo de su vida, aunque aún le faltaba mucho para llegar a parecerse a las naciones más avanzadas de Europa. Él conocía muy bien Francia, donde había hecho muchas estancias y sólo deseaba introducir sus avances.

En su juventud no había estudiado en la universidad española y de mayor seguía siendo muy crítico con la instrucción pública española que desconocía y menospreciaba la ciencia contemporánea. Debería recordarse cómo el Ministerio de Instrucción Pública y Bellas Artes se había creado tardíamente, el año 1900, sólo hacía poco más de 20 años. Como escribió en un artículo de *La Ilustración Española y Americana*: "El progreso reside en las ciencias, en las matemáticas, en la física, la química, la geología, etc. Se necesita una mayor especialización, una división del trabajo, disminución de asignaturas, menos vacaciones y exámenes más rigurosos." Propugnaba que el bachillerato, a partir del tercer curso, se dividiera en ciencias y letras, y que se eliminara de la enseñanza el griego y el latín.

Estos pensamientos lo distrajeron de los cálculos del próximo eclipse que tenía que enviar a publicar a la revista. Tomó el libro *Les étoiles et les curiosités du ciel*, de su amigo Camille Flammarion, para comprobar que estrellas serían visibles en el momento en que la Luna cubriera el disco solar y se hiciera totalmente de noche. Abrió el libro por el final y vio la esquela mortuoria con un epitafio que él mismo se había impreso para tener bien presente la fugacidad de la vida. Solamente le faltaba la fecha de defunción. Eso le llevó a la mente que en el mundo sólo dejaremos las buenas obras que hayamos podido hacer.

* * *

Nuestro astrónomo murió en Tortosa el 15 de septiembre de 1922 y legó todos sus bienes a su mujer, pero especificando que sólo podía usarlos para "actos interinos, onerosos" y que a su muerte pasarían a ser propiedad del Observatorio de Física Cósmica del Ebro (actualmente el Observatori de l'Ebre), centro situado cerca de Tortosa, creado por los jesuitas en 1904 y en cuyo diseño él mismo había colaborado.

Actualmente su legado permanece en la biblioteca situada en el edificio que lleva su nombre en el citado centro y ha sido catalogado por su bibliotecaria Maria Genescà. En ella podemos encontrar no sólo sus artículos científicos, sino también su correspondencia e incluso todos sus cuadros, ya que le gustaba mucho el dibujo y la pintura.

A pesar de que fue una personalidad muy popular en su época, sólo la ciudad de Valencia le dedicó una calle estrecha situada en el casco antiguo, que sale a la calle Cavallers y donde podemos encontrar la sala Escalante. Más recientemente en Elx, y a raíz del centenario del eclipse de 1900, se le dedicó una calle en un barrio nuevo al este de la ciudad.

Canseco Caballé, M. "Eclipses totales de Sol en Castelló de la Plana". *Centenario del eclipse de 30 de agosto de 1905*. Castelló de la Plana: Ajuntament de Castelló de la Plana, 2005.

Canseco Caballé, M. "José Joaquín Landerer: l'evolució d'un creacionista". *Ribalta* (2009), n.15. Castelló de la Plana: IES Francesc Ribalta, 2009.

Coves, M.; Soler Selva, V. F. *Cel ras*. Elx: Institut Municipal de Cultura, 2007.

Genescà Sitjes, M. "J. J. Landerer: una figura en l'eclipsi de 1900". *La Rella* 13. Elx: Institut d'Estudis Comarcals del Baix Vinalopó, 2000.

Gozalo Gutiérrez, R.; Navarro Brotons, V." José Joaquín Landerer (1841-1922): entre creacionismo y transformismo". *Geogaceta* (1996), n.19, p. 185-186.

Gozalo Gutiérrez, R.; Navarro Brotons, V. "Joaquim Josep Landerer. La recerca fora del món acadèmic: astronomia i geología". *Ciència i técnica als Països Catalans: una aproximació biográfica als darrers 150 anys*. Barcelona: Fundació Catalana per a la Recerca, 1995.

Soler Selva, V. F. "L'eclipsi total del Sol del 30 d'agost de 1905". *Revista de Física* (2005), 1r semestre. Barcelona: Societat Catalana de Física, 2005.

Soler Selva, V. F. (coord.); Serrano i Jaén, J.; Martínez, T.; Poveda, R.; Castaño i García, J. *L'eclipsi total del Sol de 1900 al Baix Vinalopó*. Elx: Institut Municipal de Cultura, 2000.

PARA SABER MÁS

Este trabajo ha sido posible gracias a Vicent F. Soler, del Institut d'Estudis Comarcals del Baix Vinalopó, y a Maria Genescà, del Observatori de l'Ebre, que me sumergieron en el ambiente social y científico de los comienzos del siglo XX en Elx y Tortosa.

CUESTIONES Josep Joaquim Landerer i Climent

1 Un eclipse total de Sol ha sido siempre un fenómeno muy apreciado por los astrónomos. Los astrónomos suelen viajar por todo el mundo para observarlos. ¿Qué detalles del Sol se pueden obtener que no se puedan ver en un día normal? ¿Crees que ahora el interés es el mismo que antes? Por qué?

2 ¿En qué sentido crees que el estudio científico de la historia de la Tierra puede estar en contradicción con la lectura literal de la Biblia? La aparición de los primeros fósiles de los grandes reptiles sorprendió a los sectores más conservadores de la sociedad ¿Por qué?

3 La evolución de las especies es una teoría científica establecida. ¿En qué ámbito de la biología se ve más claramente la evolución? Pon ejemplos.

4 Landerer investigó la posible existencia del planeta Vulcano. Actualmente aún se buscan nuevos cuerpos celestes en nuestro sistema solar. ¿Qué cuerpos situados más allá de Neptuno están siendo estudiados y qué importancia tienen?

5 Galileo Galilei descubrió los satélites de Júpiter en 1610. Landerer estudió sus movimientos para establecer algunos métodos de predicción de su posición. ¿Cuáles son los satélites principales de Júpiter y qué características tienen?

6 Landerer calculó la franja de totalidad de diversos eclipses. Ahora la información sobre los próximos eclipses está disponible en Internet. La Federación de Asociaciones Astronómicas de España (FAAE) mantiene una página web donde se indican cuándo se observarán los próximos eclipses en la península Ibérica y de qué tipo serán.

7 Nuestro astrónomo era muy crítico con la educación de su tiempo. ¿Ha cambiado la educación española de la forma que quería Landerer? ¿Qué crees que sería necesario cambiar para mejorar la enseñanza de las ciencias?

8 Landerer determinó que el basalto era el mineral principal de las rocas lunares. Las naves *Apollo* aterrizaron en los mares lunares durante los años 70 del siglo XX. ¿Qué composición tienen las rocas recogidas? ¿Cuál es su origen?

9 Se suele decir que Landerer era un científico autodidacta, pero reflexiona sobre la diferencia entre ser autodidacta y estar aislado de la comunidad científica, dos cosas muy diferentes. ¿Cómo definirías nuestro astrónomo? Aislado, conectado, a la vanguardia o a remolque de la comunidad científica, con o sin recursos, etc. Compáralo a como se hace ciencia en la actualidad.

10 Landerer se relaciona con los más importantes científicos de la época. Busca en el texto sus nombres y haz una breve biografía de cada uno de ellos.

LARA SANTOLAYA RAMS

Licenciada en Matemáticas en
2007, ese mismo año disfrutó
de una beca de colaboración en
el Observatori Astronòmic de
València y con el catedrático Vicent
J. Martínez realizó un estudio de
lagunaridad en conjuntos fractales
unidimensionales.
Cursó el Máster de Física Avanzada
y presentó como trabajo de
investigación los resultados de
dicho estudio sobre fractales.
Desde 2008 hasta mediados del
2011 investigó en torno a la medida
de *redshifts* fotométricos, bajo
la dirección del científico titular
del CSIC Alberto Fernández-
Soto. También colaboró con el
doctor Fernando Ballesteros, del
Observatori Astronòmic de la
Universitat de València y Bartolomé
Luque, profesor titular de la
Universidad Politécnica de Madrid,
en el estudio de series temporales.
Actualmente es profesora de
Matemáticas en la Universidad
CEU Cardenal Herrera.

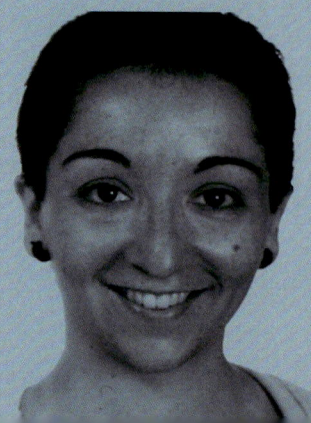

ANTONI TARAZONA I BLANCH

Por lara santolaya rams

ASTRÓNOMO DE PROFESIÓN, ANTONI TARAZONA, NACIÓ EN SEDAVÍ (VALÈNCIA) EL 30 DE AGOSTO DE 1843. ERA EL MAYOR DE DOS HERMANOS, QUE COMPARTÍAN NO SÓLO APELLIDOS SINO TAMBIÉN PROFESIÓN. AMBOS FUERON ASTRÓNOMOS DE PRESTIGIO EN LA ESPAÑA DE FINALES DEL SIGLO XIX Y PRINCIPIOS DEL XX.

EL NOSTRADAMUS DE LOS ECLIPSES

LOS INDIGNADOS DE 1868

A Antoni le tocó vivir una época difícil. Poco después de su nacimiento, la reina Isabel II era designada heredera de su padre Fernando VII tras derogarse la llamada Ley Sálica que impedía la sucesión al trono real de mujeres. Era la primera regente femenina en 278 años, pero su reinado se caracterizó por ser un periodo de crisis que, por desgracia, suena terriblemente familiar: la "burbuja ferroviaria".

La baja rentabilidad del entonces naciente (y carísimo) ferrocarril provocó la quiebra de numerosos bancos, y el endeudamiento del Estado. Por su parte, el hundimiento de la industria textil en Cataluña junto a la crisis agraria, sumían a la población en una difícil situación de hambre y carestía. Todo esto, unido al deterioro del sistema debido a unos gobiernos acusados de corrupción, despotismo e inmoralidad, desembocó en la revolución de septiembre de 1868, llamada "La Gloriosa".

Comenzaba así un periodo de aires republicanistas conocido como Sexenio Revolucionario en el que Isabel II se vio obligada a salir por piernas y exiliarse en Francia. Pero este breve periodo de apertura terminó con la designación de Alfonso XIII como nuevo monarca en diciembre de 1874, dando lugar a la "Restauración Borbónica", una época turbulenta que posteriormente iría degenerando hasta desembocar en la dictadura de Primo de Rivera.

EN EL REAL OBSERVATORIO DE MADRID

En medio de tanta inestabilidad política, Tarazona logró componérselas para llevar a cabo sus estudios en las universidades de València y Madrid, en las que obtuvo sendos títulos de licenciado en Derecho y doctor en Ciencias Exactas. De hecho, fue el derecho el que le dio de comer hasta que pudo mantenerse de las estrellas, y trabajó como secretario del Ayuntamiento de València hasta 1886, año en que consiguió ingresar como interino en el Real Observatorio Astronómico de Madrid (el actual Observatorio Astronómico Nacional –OAN).

Catorce años después ya era segundo astrónomo del Observatorio de Madrid (puesto inmediatamente inferior a los de director y primer astrónomo). Como parte de su programa de trabajo, decidió establecer un intensivo y ambicioso plan de observaciones estelares, basado en

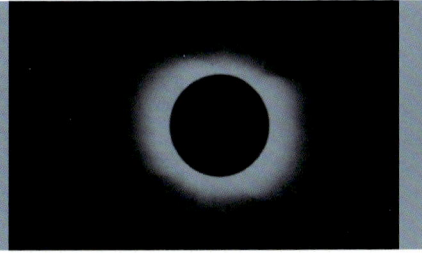

Izquierda: Foto de la corona solar realizada por Tarazona. Derecha: Foto de la biblioteca del observatorio donde realizaba sus conferencias (fuente: López Arroyo 2004).

observar 292 estrellas del catálogo de Greenwich de 1880 con el círculo meridiano del Observatorio (un *Repsold* de 1853, hoy día expuesto en el OAN). Se trata de un tipo especial de telescopio que sólo puede apuntar en la dirección norte-sur, y que se usa para medir la altura de un astro sobre el horizonte cuando pasa por el meridiano local. Con ello, si se conoce bien la hora y las coordenadas del observatorio, se pueden medir con suma precisión las coordenadas celestes del astro.

En este plan de observaciones intensivas embarcó a casi toda la plantilla científica del observatorio (sus compañeros Antonio Vela Herranz, Carlos Puente Úbeda y Ramon Escandón Piñeiro y los asistentes Francisco Cos Mermeria y Miguel Aguilar Cuadrado). Pero despertó las críticas del primer astrónomo, Vicente Ventosa, un hombre quisquilloso que consideraba que había empleado "demasiados observadores". Además, eran esos mismos observadores los que, a la mañana siguiente, tenían que reducir los datos tomados la noche anterior. Pese a todo, gracias al establecimiento de un sistema de turnos a fin de no descuidar ninguna de las otras tareas del observatorio, y a la buena meteorología, se logró reunir una gran cantidad de resultados... la gran mayoría de los cuales no llegaron a publicarse debido a la falta de recursos. Lo que muestra que la actual falta de apoyo institucional a la ciencia es una tradición de honda raigambre en nuestro país.

Y hablando de tradiciones, el ambiente en el observatorio pronto se iba a enrarecer. Por tradición, cuando el director del observatorio cesaba en su cargo, el primer astrónomo pasaba a ser el nuevo director; era lo esperado. Pero Ventosa, el primer astrónomo, se topó con la sorpresa de que, tras cesar el director en 1899, el puesto pasaba a ser ocupado por el profesor Francisco Iñiguez Iñiguez, a propuesta de la Universidad Central. Como cabía esperar, la relación entre Ventosa y el nuevo director se volvió tensa. Esta batalla personal que libraba Ventosa contra el nuevo director generó un clima de discordia en todo el observatorio. Además, dado que era una persona muy dada a la crítica, se dedicó a eso, a criticar a otros miembros del Observatorio, entre ellos Tarazona, del que escribió:

> Tarazona es, después de Puente, quien ha hecho más trabajos; sin embargo, este astrónomo es, por el contrario a Puente, pasional e inconstante: cuando busca la solución a algún problema (y no le falta inteligencia y sabiduría para ello), suele empezar su trabajo con una energía singular, empleando muchas horas consecutivas en ello sin descansar; a veces lo termina, pero muy a menudo necesita de un estímulo adicional para focalizar su atención. Esta volubilidad del carácter de Tarazona hace que sea un poco desordenado y no tan metódico como debería ser. Además se nota que se preocupa demasiado en lo que sus colegas hacen a la hora de clasificar su propio trabajo, cuando esto debería tener poca importancia para alguien que siente verdadero amor por la ciencia. En cuanto a la calidad de sus observaciones, no creo que tenga más aptitudes como observador que como calculador.

Supongo que esta última es una característica que puede ser común a todos los matemáticos que nos dedicamos a la astronomía. Y no tiene por qué ser un defecto...

Es importante destacar que, además de su labor como astrónomo dentro del Observatorio, Tarazona también cultivó su faceta de comunicador de la ciencia. Gracias a la relación entre el observatorio y la universidad durante los años que Iñiguez fue director, Tarazona y Cos empezaron a impartir conferencias a los alumnos de último curso de la facultad de Ciencias de la Universidad Central, con el cielo como protagonista: mientras que las de Tarazona versaban sobre astronomía física, las de su compañero Cos lo hacían sobre meteorología. Y se emplearon a fondo en esta tarea: ambos pronunciaban ¡a diario! conferencias en la biblioteca del Observatorio. Lo que no fue bien encajado por el resto del personal del Observatorio, quienes plantearon sus quejas al no poder hacer uso normal de la biblioteca mientras las charlas tenían lugar.

Pero para Tarazona esta tarea para la Universidad Central produjo su recompensa, pues en septiembre de 1900 era nombrado catedrático de esta universidad, tras crearse en la misma la Cátedra de Astronomía Física para alumnos de doctorado.

EL CALCULADOR DE ECLIPSES

Pero si por algo fue reconocida en vida la labor de Antoni Tarazona fue por sus cálculos y predicciones sobre eclipses solares. Hoy en día, en esta época de ordenadores, resulta relativamente sencillo predecir al segundo en qué lugar de la Tierra tendrá lugar un eclipse de Sol, cuánto durará, de qué tipo será (anular, total...), etc. Los engorrosos cálculos los realizan los ordenadores en milésimas de segundo. Pero en aquella época preinformática, este tipo de predicciones requería de elaborados cálculos matemáticos, largos y costosos, en los que a menudo era necesario el uso de aproximaciones para aligerar el cálculo. A pesar de ello, Tarazona se caracterizó por calcular tales efemérides con una extraordinaria precisión.

Este reconocimiento tenía carácter internacional, como lo muestra la siguiente nota en la *Journal of the British Astronomical Association* de principios del siglo XX, en la que se hace referencia a los cálculos que, ya en 1896, había realizado Antoni Tarazona para el (entonces) futuro eclipse solar de 1912:

> That Spain is more ahead of things than many of us have been in the habit of supposing is further shown by the fact that Señor Iñigues tells me that the circumstances of the eclipse of April 17, 1912, have already been completely calculated in Madrid.

Dichos cálculos, junto con los de otros miembros del Observatorio, se enviaban a instituciones alrededor del mundo interesadas en estos eventos astronómicos. Concretamente, Antoni Tarazona publicó dos trabajos descriptivos de los eclipses de 1900 y 1905, de similar título: *Memoria sobre el eclipse total de Sol del día 28 de mayo de 1900* (Madrid: Observatorio de Madrid, 1899) y *Memoria sobre el eclipse total de Sol del día 30 de agosto de 1905* (Madrid: Bailly-Bailliere e hijos, 1904). En ambos se recogen los cálculos que realizó sobre los eclipses: tablas numéricas, fases de los eclipses para la Tierra en general y para España en particular y coordenadas del Sol y la Luna. Incluyen también algunas representaciones gráficas de las fases del eclipse para la Tierra y para España y mapas adicionales de la franja de totalidad del eclipse en la Tierra, y en España.

Ambos ejemplares pueden consultarse en el Arxiu Històric de la Universitat de València, en el edificio histórico de la calle de la Nau (donde, por cierto, su hermano Ignacio instaló inicialmente el observatorio de la Universitat de València, en 1909). De su lectura se desprende su calidad comunicadora y la minuciosidad de su trabajo, a pesar de su limitación instrumental (comparada con la instrumentación actual), lo que demuestra que entonces, como ahora, el principal instrumento científico es el cerebro.

Izquierda: Foto de las comisiones española e irlandesa en el eclipse de 1900. Derecha: Astrónomos desplazados a Plasencia para observar el eclipse. Antonio Tarazona es el que está de pie en el centro.

A modo de curiosidad, la memoria de 1905 incluye un estudio de las condiciones climatológicas en España durante el eclipse. Dada la escasez de estaciones meteorológicas, desde el Observatorio de Madrid se llevó a cabo un estudio estadístico basado en ¡una encuesta poblacional! Como si del CIS se tratara, repartieron circulares en 20 poblaciones españolas en la zona de totalidad del eclipse durante los tres años anteriores. Así de paso se animaba a la gente a participar en un estudio científico y se difundía el interés por estos acontecimientos y por la astronomía en general. Cada ciudadano debía rellenar entre los días 15 de agosto y 14 de septiembre el grado de nubosidad que observaba en el cielo en general y en las inmediaciones del Sol en particular, a las 12:30, 13:00 y 13:30. Este estudio era conocido en la época como el método del Dr. Todd.

El principio del siglo XX fue especialmente prolífico en eclipses solares en España, habiendo tres en un lapso de sólo 12 años (1900, 1905 y 1912). Buenas noticias para un cazador de eclipses como Antoni Tarazona. Pero hubo algo que, sin embargo, no fue capaz de calcular, y era que sólo vería el primero de ellos.

Antoni Tarazona participó en la expedición del Observatorio de Madrid del eclipse de 1900, en la que también se encontraba su hermano Ignacio. La franja de totalidad de este eclipse cruzó la península en diagonal, entrando por Portugal (Oporto y Ovar), atravesando a su paso las provincias de Cáceres, Toledo, Ciudad Real, Albacete, y saliendo por Murcia y Alicante. En este eclipse, Antoni

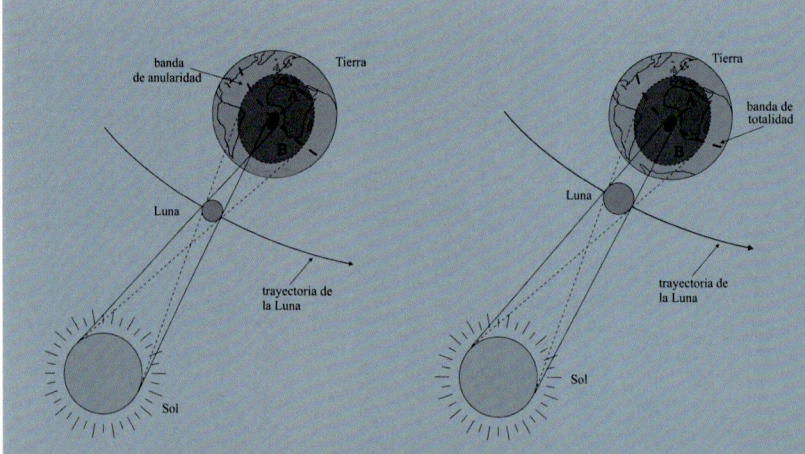

Martínez, V. J. *et al. Astronomía fonamental*. València: Universitat de València, 2008.

ECLIPSE DE SOL

¿Cuándo tiene lugar un eclipse de Sol? Un eclipse de Sol tiene lugar cuando la Luna se interpone entre el Sol y la Tierra, y lo tapa en su totalidad o parcialmente. El tamaño angular de ambos cuerpos celestes es aproximadamente de 30', aunque debido a que las órbitas de la Luna alrededor de la Tierra y de la Tierra alrededor del Sol son elípticas, la Luna y el Sol no siempre se encuentran a la misma distancia de la Tierra, por tanto, sus tamaños angulares varían y no siempre coinciden. Cuando ambos cuerpos están correctamente alineados, en caso de el tamaño angular de la Luna sea mayor o igual que el del Sol estaremos ante un eclipse total, mientras que si el del Sol es ligeramente mayor que el de la Luna, se producirá un eclipse anular.

tenía sólo 57 años, pero su salud pronto comenzó a deteriorarse. Cuando llegó el siguiente eclipse, en 1905, su delicada salud ya no le permitió salir a observar, presumiblemente con gran dolor de su corazón. Estaba entrando en la penumbra del final de su vida. Sólo un año después, el 8 de octubre de 1906, era la vida del propio Antoni Tarazona la que se eclipsaba.

Además, para que se produzca un eclipse la Luna debe encontrarse entre el Sol y la Tierra, y, por tanto, estará en fase de Luna nueva. No obstante no todas las Lunas nuevas son motivo de eclipses solares. Esto se debe a la ligera inclinación, de unos 6° de la eclíptica con respecto a la órbita que describe la Luna alrededor de la Tierra. Sólo en la llamada línea de nodos ambos cuerpos celestes pueden encontrarse totalmente alineados y podemos disfrutar de tan magnífico acontecimiento.

Estas condiciones se dan de 2 a 3 veces al año.

¿Desde dónde podemos observarlo?

En la superficie terrestre podemos ver el eclipse total en una banda de un máximo de 270 km de ancho, mientras que si el eclipse es anular, su banda de visibilidad es de 370 km. Estas zonas son las denominadas de umbra en el caso del eclipse total y de antumbra en el caso del eclipse anular, mientras que la zona de parcialidad (penumbra) se extenderá unos 4800 km de amplitud alrededor de la línea central de la banda de totalidad. A causa de la rotación de la Tierra y del movimiento de la Luna a su alrededor, estas zonas se desplazan a lo largo de la superficie terrestre en dirección este a 3200 Km/h y describen una franja de 15000 km de longitud como máximo

¿Cuánto tiempo duran?

En el caso de los eclipses totales la duración de la fase de totalidad puede durar varios minutos, entre 2 y 7.5, mientras que el fenómeno completo puede alargarse a más de 2 horas. Mientras que en los anulares la máxima duración alcanza los 12 minutos y el proceso puede durar hasta 4 horas.

LÓPEZ ARROYO, M. *El Real Observatorio Astronómico de Madrid (1785-1975).* Madrid: Dirección General del Instituto Geográfico Nacional, 2004.

MARTÍNEZ, V. J; MIRALLES, J. A.; MARCO, E.; GALADÍ-ENRIQUEZ, D. *Astronomia fonamental.* 2a ed. València: Universitat de València, 2008.

RUIZ-CASTELL, P. *Astronomy and astrophysics in Spain, 1850-1914.* Cambridge: Cambridge Scholars Publishing, 2008.

TARAZONA Y BLANCH, A. *Memoria sobre el eclipse total de Sol del día 28 de mayo de 1900.* Madrid: Observatorio de Madrid, 1899.

TARAZONA Y BLANCH, A. *Memoria sobre el eclipse total de Sol del día 30 de agosto de 1905.* Madrid: Bailly-Bailliere e Hijos, 1904.

PARA SABER MÁS

CUESTIONES

1 Haz un breve resumen de aquellos aspectos más relevantes en la vida de Antonio Tarazona.

2 Elige uno de los acontecimientos históricos que acaecieron durante la vida del astrónomo que nos ocupa y trata de ahondar más en él.

3 ¿Crees que gracias a sus trabajos Antonio Tarazona fue un adelantado en su época?

4 Busca en internet la imagen de la franja de totalidad del eclipse de 1900 que cruzó la Península.

5 Imagina que vivieras en una época sin los adelantos tecnológicos de los que disponemos en la actualidad, ¿se te ocurre alguna otra manera de predecir el tiempo en tu ciudad?

6 Busca información sobre los eclipses lunares.

7 ¿Cuál es la principal diferencia entre los eclipses lunares y los solares?, ¿se encuentra la Luna en la misma fase?, ¿desde dónde podemos observarlos?

8 ¿Cuándo podremos ver el próximo eclipse solar?, ¿hasta dónde tendremos que desplazarnos para verlo en todo su esplendor?

9 ¿Recuerdas cuándo fue el último eclipse solar visible desde tu ciudad o alrededores?, ¿de qué tipo fue?, ¿la visibilidad era total o parcial?

10 A pesar de las diferencias entre el trabajo de A. Tarazona y el de su hermano Ignacio, tuvieron en común estudios relacionados con el Sol; mientras Antonio predecía las condiciones de los eclipses solares de su época, su hermano se dedicaba a observar las manchas solares desde el Observatorio que él mismo fundó en València. Infórmate de qué se puede aprender de esta estrella como consecuencia de ambos estudios.

JOSÉ ANTONIO FONT RODA

José Antonio Font es profesor titular del departamento de Astronomía y Astrofísica (DAA) de la Universitat de València. Tras una larga etapa postdoctoral de varios años en los Institutos de Física de la Gravitación (Potsdam, Alemania) y de Astrofísica (Garching bei München, Alemania), ambos de la Sociedad Max-Planck, el profesor Font se incorporó al DAA en 2003 donde sigue desarrollando su actividad científica y académica.

El profesor Font es un experto en el campo de la modelización de fuentes astrofísicas de radiación gravitatoria y es coautor en más de sesenta artículos científicos que reúnen más de 1700 citas.

En la actualidad es presidente de la Sociedad Española de Gravitación y Relatividad.

IGNASI TARAZONA I BLANCH

POR JOSÉ ANTONIO FONT RODA

TARAZONA HA PASADO A LA HISTORIA DE LA ASTRONOMÍA ESPAÑOLA
POR HABER PUESTO EN MARCHA, EN LA PRIMERA MITAD DEL SIGLO
XX, LOS PRIMEROS OBSERVATORIOS ASTRONÓMICOS UNIVERSITARIOS,
EN LAS UNIVERSIDADES DE BARCELONA Y VALÈNCIA.

EL IMPULSOR DE LOS PRIMEROS OBSERVATORIOS ASTRONÓMICOS UNIVERSITARIOS

La vida de Ignasi Tarazona i Blanch (Sedaví, 1859 – València, 1924) se enmarca en el contexto político-social conocido como Restauración, periodo que abarca desde 1874, año en el que se restaura la monarquía borbónica en Alfonso XII, hasta 1931, año en el que su sucesor Alfonso XIII se ve obligado a zarpar hacia Marsella tras la proclamación de la Segunda República el día 14 de abril.

Durante el periodo de la Restauración se evidencia el poder del estamento militar, cuyas decisiones conducen a la pérdida de las últimas posesiones de ultramar en lo que se conoce como el *desastre del 98* (Cuba, Puerto Rico, Filipinas), y también del crecimiento obrero, tanto socialista como anarquista, así como de la incipiente industrialización del norte del país, mientras el problema campesino se agudiza en el sur debido al predominio de una oligarquía latifundista. La estructura política de la Restauración tiene como artífice a Canovas del Castillo y como marco operacional a la Constitución de 1876, todavía la de mayor vigencia en la historia de España (1876-1923).

Durante la segunda mitad del siglo XIX el sistema español de educación superior, que intentaba emular el establecido en otros países, colapsó por diversos motivos, entre ellos la ausencia de recursos económicos, los intentos continuados del control de las universidades por los sucesivos gobiernos, y la exclusión explícita de la investigación científica. Sin embargo, tras el desastre del 98 el estado del sistema educativo pasó a ser de nuevo un asunto público. En poco tiempo el Estado logra crear en abril de 1900 el Ministerio de Instrucción Pública y Bellas Artes, el cual proporciona un escenario en el que contextualizar cualquier iniciativa dedicada a proporcionar instrucción práctica a estudiantes. Una de estas iniciativas es la creación de observatorios astronómicos adscritos a universidades españolas, totalmente inexistentes a principios del siglo XX. El promotor de tal proyecto no es otro que el astrónomo que nos ocupa, Ignasi Tarazona i Blanch. Cabe sin embargo mencionar que ya durante el siglo XVIII se planificó la creación de un observatorio universitario en València dentro de los objetivos del plan del rector Vicent Blasco. Aunque dicho observatorio nunca se llegó a construir sí que funcionó un observatorio provisional ubicado en el Colegio de Santo Tomás de Villanueva.

Como profesor y astrónomo, Tarazona (ver imagen en página 141) estuvo siempre vinculado a la universidad, a diferencia de otro astrónomo valenciano insigne de la época, Josep Joaquim Landerer i Climent (1841-1922). En su interés por la astronomía y en su formación debió ejercer una gran influencia su hermano mayor, Antoni Tarazona (1843-1906), astrónomo del Observatorio Astronómico de Madrid y responsable de la cátedra de Astronomía Física. A lo largo de su carrera profesional los dos hermanos mantuvieron una estrecha colaboración científica, con un continuo intercambio de información y discusión de problemas científicos.

La formación académica de Ignasi Tarazona comenzó en las Escuelas Pías de Albarracín y València, donde inició sus estudios. Cursó posteriormente sus estudios superiores en Ciencias Exactas en la Universitat de València, primero, para concluirlos en la Universidad de Madrid. Se licenció en el año 1886 y obtuvo su doctorado en el año 1888. En 1887 alcanzó el puesto de profesor auxiliar interino de la Facultad de Ciencias de Valencia. Tiempo después, en 1893, se encargó de la Estación Meteorológica Universitaria de València y es en el campo de la meteorología en el que realiza sus primeras publicaciones.

En 1898 se convirtió en catedrático de Cosmografía y Física del Globo en la Universitat de Barcelona, uniendo la astronomía esférica y geodesia como cátedras acumuladas. Es en la Universitat de Barcelona donde comenzó las gestiones de su primer gran proyecto, el establecimiento del primer Observatorio Astronómico Universitario. Las gestiones le llevaron a escribir al Ministerio de Instrucción Pública en diciembre de 1900, con objeto de obtener la financiación necesaria para el proyecto, así como a contratar a la prestigiosa compañía irlandesa Grubb dedicada a la construcción de cúpulas astronómicas, que sería la encargada de realizar el edificio. Las diligencias no debieron ser sencillas pues se prolongaron durante varios años. La construcción de la cúpula Grubb de 4 metros en el jardín de la universidad no comenzó hasta febrero de 1904, para estar finalmente terminada en diciembre del mismo año. El principal instrumento del observatorio fue un telescopio de montura ecuatorial Grubb de 5 pulgadas de apertura, en la vanguardia de la instrumentación astronómica de la época, y que hoy puede verse ornamentando el vestíbulo de la actual Facultat de Física de la Universitat de Barcelona. El telescopio fue adquirido por el precio de 180 libras esterlinas, tras una nueva y satisfactoria gestión de Tarazona con el Ministerio de Instrucción Pública, el cual aportó 6000 pesetas de principios del siglo XX al proyecto. Más de 100 años después el progreso científico sigue dependiendo en gran medida de tediosas gestiones administrativas con el ministerio, la consejería o la agencia nacional de turno para conseguir fondos públicos con los que financiar proyectos de investigación e instrucción pública tras reñidas pruebas de selección y exigentes controles de desarrollo.

Tarazona permutó en 1906 la cátedra de la Universitat de Barcelona por la de València donde, con la experiencia adquirida en los años anteriores en Barcelona, pone inmediatamente en marcha el segundo de sus grandes proyectos vitales, iniciando las gestiones para la construcción del correspondiente observatorio astronómico en la Universitat de València. Al igual que con su homólogo catalán, la construcción de dicho observatorio, instalado en la esquina sur-este del edificio de la calle de la Nau, se prolonga durante varios años, finalizando las obras en 1910. De nuevo la realización del proyecto contó con la financiación del Ministerio de Instrucción Pública, el cual también colaboró, con 11000 pesetas de la época, a sufragar los gastos de su principal instrumento, un telescopio refractor de 6 pulgadas con montura ecuatorial de la prestigiosa casa de óptica Grubb de Dublín, similar al instalado unos pocos años atrás en Barcelona. Dicho telescopio (ver imagen en página siguiente), que todavía se conserva en la actualidad, venía provisto de una cámara de observación solar para placas fotográficas de 12x12 cm, lo que proporcionaba un campo de visión de 1 grado en diagonal. El edificio disponía de una cúpula giratoria (también fabricada por la casa Grubb) y además del telescopio contaba con otros instrumentos,

Izquierda: Imagen de 1910 con el telescopio Grubb y el círculo meridiano instalados en la dependencias de La Nau, UV (tomada de la web del OAUV). Derecha: El profesor Ignacio Tarazona en una fotografía de madurez.

algunos cedidos por el propio Tarazona, tales como un teodolito Salmoiraghi de la Filotécnica de Milán para la medida de ángulos, un estereoscopio con estereomicrómetro de la casa Zeiss, un cronómetro de tiempo sidéreo de la casa Dent de Londres y otro de tiempo medio tipo Pérez Sekel, un sextante con sistema Pistor y con horizonte artificial, o un aparato receptor de telegrafía sin hilos de la casa Ducreter et Roger de París. Posteriormente, en 1915 el observatorio adquirió un círculo meridiano de la casa Mounroval de París, gracias a las gestiones del astrónomo francés Guillaume Bigourdan, con el que Tarazona tenía una larga relación profesional desde su viaje a Francia en 1900. Ese año visitó el Observatorio Astronómico de París y entabló relaciones con astrónomos vinculados a la Academia de Ciencias de París, en particular con su entonces presidente Bigourdan, además de con dirigentes de la Société Astronomique de France.

Desde 1911 Tarazona contó con la colaboración de Vicent Martí Ortells, auxiliar de la cátedra. Ambos astrónomos llevaron a cabo un completo plan de actividades en el observatorio, diseñado por Tarazona. Este plan no se reducía a trabajos prácticos de carácter docente con los estudiantes sino que incluía también trabajos sistemáticos tales como proporcionar la hora oficial, recibir telegramas meteorológicos, o tomar una fotografía diaria del Sol. Además, contemplaba trabajos ocasionales como observaciones de eclipses y planetas o servicios especiales como la verificación de cronómetros de la marina mercante, obtención de datos meteorológicos o la medida de la declinación magnética.

En 1910 Tarazona publicó un trabajo sobre fotografía solar, una de sus principales líneas de investigación, donde se mencionan otros observatorios nacionales que también se ocupan de este tema, concretamente los observatorios del Ebro, Madrid, la Cartuja, San Fernando, Sant Feliu de Guíxols (del Ampurdán) y Fabra (de Barcelona). La importancia de fotografiar el Sol de manera sistemática fue discutida por Tarazona en su discurso de apertura de curso, *La fotografía solar*, en la Universitat de València en 1909. Las series fotográficas de calidad no comenzaron hasta 1916 tras un largo periodo de pruebas y puesta a punto del instrumental. Las fotografías parece que eran lo suficientemente buenas, en cuanto a enfoque y tamaño, como para realizar mediciones precisas de la posición de las manchas solares, aunque algo pequeñas para obtener una óptima estadística de las mismas. Desde el comienzo del estudio sistemático de las manchas solares se comprobó que debido al escaso personal del observatorio (pues sólo contaba con dos miembros) y a las labores docentes de Tarazona, las placas fotográficas obtenidas se fueron acumulando sin tiempo para realizar la estadística de las manchas solares. No fue hasta la década de 1920, con la incorporación de Tomás Almer Arnau al equipo de Tarazona y Ortells, cuando pudo finalmente iniciarse el estudio estadístico de las manchas y su publicación.

Tarazona hacía el seguimiento del Sol mediante un registro fotográfico diario de su disco. Para ello utilizaba una cámara solar que estaba enganchada al telescopio Grubb que le proporcionaba el seguimiento. Esta cámara, que todavía se conserva, constaba de una lente objetivo y de un portaplacas que se situaba más allá del punto de enfoque de la lente, fotografiando así por proyección. De este modo, podía utilizar el telescopio sin ningún tipo de filtro de protección solar el tiempo suficiente para la exposición fotográfica, siempre de unos pocos segundos. Las placas de vidrio de 13x18 cm, de fabricación francesa, se situaban fuera de foco y estaban basadas en una suspensión coloidal sobre un sustrato de vidrio. La mayoría de estas placas todavía se conservan en los archivos del Observatori Astronòmic y permiten conocer la actividad de investigación solar en la Universitat de València en las primeras décadas del siglo XX.

Este tipo de placas fotográficas habían sustituido en el año 1851 la técnica anterior de los daguerrotipos, inventada por Niepce y Daguerre el 1830. De hecho, los físicos franceses Louis Fizeau y Léon Foucault fueron los primeros en obtener con éxito un daguerrotipo del Sol el año 1845. Durante el siglo XX se mejoró la sensibilidad y velocidad de las películas fotográficas, sobre todo en los laboratorios Eastman-Kodak. Al principio las películas sólo eran sensibles al color azul pero la investigación fue consiguiendo que fueran sensibles a todas las longitudes de onda del espectro visible (películas pancromáticas) e incluso al ultravioleta. También se comenzó a usar el soporte de acetato, en forma de carrete fotográfico.

Actualmente ya no se usa la fotografía "analógica" en astronomía, basada en detectores químicos como las placas o los carretes. Hoy en día los detectores electrónicos como las cámaras CCD o CMOS, usuales en cualquier cámara digital, acoplados a los telescopios solares, son los sistemas de captura de luz más comunes. Las imágenes obtenidas son procesadas directamente en los ordenadores. En algunas misiones espaciales, como el satélite SOHO de las agencias espaciales europea (ESA) y de EE.UU. (NASA), las imágenes obtenidas son en pocas horas puestas a disposición del público en general. Esto ha permitido que astrónomos aficionados, por ejemplo, descubrieran pequeños cometas precipitándose dentro de la corona solar.

Como hemos mencionado antes, las fotografías diarias del Sol tomadas por el equipo de Tarazona tenían como uno de sus principales objetivos el estudio estadístico de las manchas solares. Una mancha solar es una región del Sol con una temperatura inferior a la de sus alrededores, y con una intensa actividad magnética. Morfológicamente está formada por una región central oscura, llamada *umbra*, rodeada por una *penumbra* más clara. Una sola mancha puede llegar a medir hasta varias decenas de miles de kilómetros (un tamaño comparable al diámetro terrestre).

Las manchas solares tienen un origen magnético y se cree que no son más que la parte visible de los tubos de flujo magnético que se forman debajo

LA IMPORTANCIA DE LAS MANCHAS SOLARES EN EL CONOCIMIENTO DEL SOL

El estudio de las manchas solares ha proporcionado valiosa información sobre el Sol, por ejemplo la medida de su periodo de rotación (aproximadamente 27 días) gracias a la medida del desplazamiento de las manchas sobre el disco solar, y ha permitido saber que la rotación de la fotosfera solar. Dichos tubos de flujo se enrollan por efecto dinamo debido a la rotación diferencial del Sol. Durante su evolución se elevan hacia la fotosfera al ser su presión y densidad menores que las del material circundante, y la mancha aparece cuando el tubo alcanza la superficie de la fotosfera. La observación de tales estructuras ha sido posible mediante el uso de satélites como SOHO, el cual proporciona desde finales de 1995 las imágenes más detalladas que se tienen de nuestra estrella. Sin embargo, la historia de la observación de las manchas solares es tan antigua como la propia historia de la humanidad, pues pueden encontrarse referencias en estudios hechos por astrónomos chinos en el siglo XXVIII a. C. Hay que remontarse al siglo XVII para encontrar la primera observación de manchas solares mediante telescopios, realizada por los astrónomos Johannes y David Fabricius en 1610, pese a la creencia popular generalizada de que fue Galileo Galilei el que primero las observara.

Conviene enfatizar que Tarazona prestó especial atención a potenciar la difusión social de la astronomía mediante su divulgación así como

del Sol es diferencial (pues el periodo en el ecuador solar es varios días más corto que en los polos). La aparición de manchas solares ha sido medida desde hace más de 300 años y la estadística de que se dispone demuestra que dicha aparición sigue un ciclo periódico de unos 11 años de duración. Este periodo está asociado con un máximo en la actividad solar y en la aparición de manchas (y también en el número de auroras boreales originadas por el viento solar que llega a la atmósfera terrestre), fenómeno que en forma de "tormentas electromagnéticas" afecta a las comunicaciones en nuestro planeta.

con la organización de visitas al observatorio. Su altura científica queda puesta de manifiesto citando la larga lista de colaboraciones con otros observatorios e instituciones científicas, tanto nacionales como extranjeras. Entre estos pueden citarse los observatorios de San Fernando, Cartuja, Madrid, del Ebro, Lisboa, Coimbra, Paris, Lyon, Bélgica, Turín, Odessa, Montevideo, Trieste, Melbourne, Caracas y Córdoba (Argentina), además del Instituto Geográfico y Estadístico, el Instituto Central Meteorológico de Madrid, la Carnegie Institution de Washington, la Meteorological Office de Londres y la Société Belge d'Astronomie. Además, Tarazona fue miembro de la Sociedad Astronómica de Barcelona, de la Sociedad Astronómica de España y América, de la Société Astronomique de Francia, de la Asociación Española para el Progreso de las Ciencias y de la Sociedad Española de Física y Química. Le fue concedida la Orden Real Española de Alfonso XII y fue nombrado Oficial de Instrucción Pública por el gobierno francés. Por otra parte, el Observatori Astronòmic de la Universitat de València fue declarado Institución de Utilidad Pública el 9 de enero de 1920, lo que garantizó su financiación continuada por parte del gobierno español.

Pese a que las publicaciones de Tarazona y Ortells se reducen a algo más de una decena de trabajos, éstos revelan que eran astrónomos muy competentes. El escaso número de publicaciones pudo deberse al papel fundamentalmente docente que debía desempeñar un profesor de universidad de la época, donde la investigación no era considerada una actividad de la misma importancia. Entre sus publicaciones más relevantes se encuentran las editadas en las actas de los congresos de la Asociación Española para el Progreso de las Ciencias. En la edición del año 1911 (Granada) discuten los *Treinta años (1864-1893) de observaciones efectuadas y deducidas de la Estación Meteorológica de la Universidad de Valencia*. Su contribución a la edición del año 1913 (Madrid) llevó por título *Observaciones en el Eclipse de Sol del 16 de Abril de 1912*. En este trabajo Tarazona menciona al astrónomo valenciano contemporáneo Landerer, con el cual mantenía amistad y correspondencia, señalando que los ángulos de posición de entrada y salida de la Luna del disco solar utilizados fueron los predichos por Landerer. Merece también especial mención su contribución a la edición de 1915 (Valladolid), titulada *Las 180 zonas estelares del Catálogo general preliminar de Boss*, en el que Tarazona presenta un exhaustivo estudio comparado del catálogo de 6188 estrellas elaborado por Lewis Boss con las efemérides astronómicas, con objeto de facilitar la labor de los astrónomos. También podemos señalar que algunos de sus trabajos realizados en el observatorio, como los relacionados con los eclipses de los años 1912 y 1914, fueron presentados por Bigourdan en la Academia de Ciencias de París y publicados en las *Comptes Rendus* de dicha institución.

Tarazona murió el 3 de febrero de 1924. En su testamento dejó escrito su deseo de crear una junta presidida por el rector de la universidad, a la cual cedía todos sus bienes con objeto de establecer un programa de premios y ayudas a los estudiantes así como subvencionar al Observatori Astronòmic. Dicha junta constituye la actual Fundación Dr. Ignacio Tarazona Blanch, completamente activa y reconocida por la Generalitat Valenciana como tal, siendo la encargada de proporcionar la ayuda complementaria de la beca del Aula del Cel. El 12 de mayo de 1932 un incendio en el edificio de la universidad destruyó la cúpula giratoria del observatorio y buena parte de los instrumentos, exceptuando el telescopio Grubb. El material original que sobrevivió al incendio se encuentra en la actualidad en el Observatori Astronòmic del edificio de la antigua Facultad de Ciencias en la Avenida Blasco Ibáñez. El telescopio original, que ha sido recientemente restaurado y está operativo de nuevo, forma parte del material del actual Museu de l'Observatori Astronòmic.

Bᴇʀᴛᴏᴍᴇᴜ Sᴀ́ɴᴄʜᴇᴢ, J. R.; Gᴀʀᴄɪ́ᴀ Bᴇʟᴍᴀʀ, A. *Obrint les caixes negres: col·lecció d'instruments científics de la Universitat de València*. València: Universitat de València, 2002.

Bʟᴀɴᴇs, G.; Gᴀʀʀɪɢᴏ́s, L.; Rᴏᴄᴀ, A.; Aʀʀɪᴢᴀʙᴀʟᴀɢᴀ, J. (coord.). *Actes de les IV Trobades d'Història de la Ciència i de la Tècnica*. Alcoi: Barcelona: Societat Catalana d'Història de la Ciència i de la Tècnica, 1997, p. 173-180.

Dᴇ Bᴇɴɪᴛᴏ, F. *Annals de la Universitat de València*. N. 34, p.121-174.

Lᴏ́ᴘᴇᴢ Pɪɴ̃ᴇʀᴏ, J. M.; Nᴀᴠᴀʀʀᴏ Bʀᴏᴛᴏɴs, V. *Història de la ciència al País Valencià*. Valencia: Alfons el Magnànim: Generalitat Valenciana, 1995.

Nᴀᴠᴀʀʀᴏ Bʀᴏᴛᴏɴs, V. "El cultivo de la astronomía fuera y dentro de la universidad, en la época de la restauración: los casos de José Joaquín Landerer e Ignacio Tarazona y Blanch". *Aulas y saberes: VI Congreso Internacional de Historia de Las Universidades Hispánicas*. Valencia (diciembre 1999). Valencia: Universitat de València, 2003.

Pᴇsᴇᴛ, J. L. "Educación y ciencia en el fin del Antiguo Régimen". *Ciencia y sociedad en España*. Madrid: El Arquero: CSIC, 1988.

Rᴜɪᴢ-Cᴀsᴛᴇʟʟ, P. *Astronomy and Astrophysics in Spain (1850-1914)*. Cambridge: Cambridge Scholars Publishing, 2008.

PARA SABER MÁS

CUESTIONES Ignasi Tarazona i Blanch

1 ¿Conoces la actividad que realiza en la actualidad el Observatori Astronòmic de la Universitat de València? Entra en su página web y elabora un listado de sus actividades.

2 ¿Cuántos observatorios astronómicos universitarios existen en España? Elabora una lista.

3 Busca información sobre algunos de los observatorios astronómicos internacionales más importantes. Reflexiona sobre las razones por las que piensas que aquellos observatorios que has seleccionado son los más importantes. ¿Qué criterios has tenido en cuenta?

4 ¿Qué es un telescopio de montura ecuatorial? ¿Podrías citar otro tipo de montura? ¿Por qué es tan importante la montura de un telescopio?

5 ¿Por qué es necesario utilizar un filtro cuando se observa el Sol directamente?

6 ¿Has observado alguna vez un eclipse solar? Busca información sobre la importancia de los eclipses para mejorar nuestro conocimiento del Sol.

7 En el texto se cita el telescopio espacial SOHO. Busca información sobre el mismo y comenta cuales han sido hasta la fecha sus descubrimientos más importantes.

8 ¿Qué es el ciclo solar? ¿Existe alguna explicación para tal fenómeno?

9 ¿Qué es el mínimo de Maunder? ¿Cuál fue su efecto sobre el clima terrestre?

10 ¿Por qué no se observan auroras boreales en València?

Este libro
se acabó de imprimir
en los obradores de La Imprenta CG
en diciembre de 2023,
cuatrocientos cincuenta años después
de la publicación del "Libro del Nuevo Cometa"
de Jerónimo Muñoz (el primer astrónomo biografiado),
impreso en 1573 en la Oficina de Pedro de Huete
situada en la antigua Plaza de la Hierba de València
y pocas semanas antes de que se cumpla
el centenario del fallecimiento de Ignacio Tarazona Blanch
(el último de los astrónomos
biografiados).